MINÉRALOGIE

SICILIENNE

DOCIMASTIQUE ET MÉTALLURGIQUE

OU CONNAISSANCE DE TOUS LES MINÉRAUX QUE PRODUIT L'ILE DE SICILE, AVEC LES DÉTAILS DES MINES ET DES CARRIÈRES, ET L'HISTOIRE DES TRAVAUX ANCIENS ET ACTUELS DE CE PAYS.

SUIVIE DE LA

MINÉRHYDROLOGIE

SICILIENNE

OU LA DESCRIPTION DE TOUTES LES EAUX MINÉRALES DE LA SICILE

PAR L'AUTEUR

DE LA LYTHOLOGIE SICILIENNE.

Deſſiné par Niſtri. *Gravé par Chry. dell'Aqua.*

TURIN 1780.

CHEZ LES FRERES REYCENDS.

A SON ALTESSE ROYALE

FERDINAND I.

INFANT D'ESPAGNE

DUC DE PARME, DE PLAISANCE, ET DE GUASTALE &c. &c. &c.

MONSEIGNEUR

CE n'est point un vain motif d'ambition, qui m'a fait désirer d'avoir l'honneur de mettre l'au‑

* 2

guste Nom de V. A. R. à la tête de cet Ouvrage ; des auspices si brillans n'eussent servi qu'à répandre un jour plus lumineux sur mon travail, & à en faire remarquer plus facilement les défauts. Ma démarche a eu un but bien différent ; le zele seul l'a guidé. Un Souverain philosophe, par l'universalité de ses connaissances, se met, pour ainsi dire, au niveau de tous ceux qui cultivent les sciences ; ce n'est plus aux pieds du Trône qu'on porte son hommage en le Lui rendant, c'est sur l'autel de l'immortalité, qu'on va le déposer. L'histoire nous a conservé le trait des Bergers Tiburtins, offrant à Céfar les préfens les plus champêtres; non que ce fait offrît par lui même quelque fublimité, mais pour faire voir aux fiècles poftérieurs, que le fentiment donne un prix au don le plus faible. C'eft fous ce point de vue, MONSEIGNEUR, que j'ai l'honneur de Vous dédier ma Minéralogie Sicilienne Docimaftique & Métallurgique; fuivie de la Miner-hydrologie du même Pays. Ces Ouvrages font déja connus à V. A. R.

c'est même en faveur des vues d'utilité qui les ont dictées, qu'ils ont ob-tenus l'honneur de paraître fous les auspices glorieux que je recla-me en ce jour. Je défirerais feu-lement qu'ils fuffent plus dignes du Grand Prince auquel ils font of-ferts ; mais Vous voudrez bien con-fidérer, MONSEIGNEUR, qu'ils font le produit d'une plume novice : faute de moyens, c'est au zele à fuppléer au mérite. C'est à l'éleve des Jacquier, des Lefueur, des Condillac à aider au dévéloppe-ment des génies naiffans ; & du moment qu'un diadême ceint un front auguste, où brillent réunies les vertus, les talens, & les connaissances; le Prince qu'il couronne devient dès ce moment, indépendemment de ses autres devoirs, Protecteur immédiat de tous ceux, qui courent la carrière des sciences, & des arts. Plus d'une circonstance a prouvé cette vérité sous le Regne de V. A. R.; il m'est bien doux de pouvoir en être l'interprète dans le tems même que vous me permettez, MONSEIGNEUR, de vous rendre un hommage public, ac=

ccmpagné de l'expreffion refpectueufe
des fentimens aveuglement dévoués,
avec lesquels je fuis

MONSEIGNEUR

De V. A. R:

Le très-humble,
très-dévoué, & très-obéiffant Serviteur
Comte de BORCH.

PRÉFACE.

Dans ma Lythographie je n'ai présenté au Public qu'un Catalogue des pierres que produit la Sicile, me contentant de faire connaître les substances différentes sous les classifications, que leurs donnent dans le pays les ouvriers qui les travaillent ; afin de procurer aux amateurs le plaisir d'être entendus des marbriers, & d'être par là mieux servis. Plus égoïste dans ma Lythologie, je n'ai eu en vue que de satisfaire mon panchant pour la Chymie ; & malgré l'aridité naturelle de la matière, j'y ai consumé deux ans passés. Il me paraît que j'ai rempli mon objet dans ces analyses, & que j'ai même porté le flambeau de l'évidence là, où jusqu'à présent personne encore n'avait dirigé ses pas. Beaucoup de personnes honnorent cependant mon Ouvrage d'un doute respectueux ; la nouveauté de la matière, l'immensité des recherches, & des opérations les surprennent ; & ne se sentant pas le courage de se livrer avec l'acharnement qui m'a guidé dans un travail aussi sec dans le labeur, & aussi monotone dans les résultats ; ils jugent plus à propos d'avancer que mes conclusions sont hasardées. Si l'on m'eût fait l'honneur de m'attaquer directement, peut-être l'amour paternel m'eût engagé à prendre la plume en main pour la défence de mon enfant ; mais puis-je répondre à des discours vagues, qui n'ont pour base qu'un pyrrhonisme volontaire, dont j'ignore les principes. Dans ce nouvel Ouvrage, que je mets au jour, j'ai consulté des vues plus générales. La curiosité, & des recherches profondes, m'ayant procurés la connaissance foncière de la Sicile, j'ai cru, comme homme, être obligé de communiquer ces lumières à la Société. Je ne prétens point instruire qui que ce soit; des génies célèbres ont éclairé l'Europe non seulement sur ses propres richesses, mais encore les mêmes ont ils répandu le jour le plus lumineux sur les produits des autres parties du monde. Au premier coup d'œil il paraît qu'il ne reste plus rien à désirer, qu'on a tout observé, tout décrit, & que la matière épuisée ne laisse d'autre champ aux écrivains à venir, que le plagiat, ou bien la faible ressource de nos glaneurs littéraires, ou faiseurs des abrégés, ce qui est dévenu synonime de nos jours. Mais quand on réfléchit sur l'immensité des substances, & qu'on pense qu'un faible Naturaliste du Royaume d'Algarves, prenant la nature sur le fait, peut faire des observations qui, par défaut d'objets présens, n'auraient jamais reçu l'être dans les cerveaux sublimes des Linné, des

Buffon, des Wallerius, des Pallas, &c., on ne s'effarouchera jamais qu'une plume novice même offre le résultat de ses analyses. Cette persuasion m'a engagé à faire déja plus d'une fois gémir la presse à mes dépens, & à me faire imprimer tout vif ; que les maîtres de l'art me jugent, que ceux mêmes, dont la modestie voile les connaissances sous le simple déhors d'une agréable universalité, m'éclairent ; je profiterai avec plaisir des lumières, qui me feront communiquées.

Le titre seul de cet Ouvrage fait connaître sa destination. Dans ma Minéralogie Sicilienne je décris non seulement tous les produits minéralogiques de la Sicile, mais encore j'entre dans tous les détails docimastiques, qui peuvent intéresser la métallurgie de ce Royaume. On verra mes remarques répandues dans tout le corps de l'Ouvrage, suivant l'exigence des cas ; en outre de ce travail général, j'ai cru devoir offrir séparément des Observations rélatives à l'histoire de la Minéralogie, particulièrement à l'égard des travaux de ce genre en Sicile.

J'ai joint à cet Ouvrage un autre que j'ai cru devoir le suivre, étant de nature à avoir bésoin de l'étais du premier. Je parle de ma Minérhydrologie, ou connaissance des eaux minérales & thermales de la Sicile.

Enfin j'ai terminé le tout par des tables, qui faciliteront aux Lecteurs la connaissance du pays que je décris.

En publiant ma Théorie des Volcans, je remplirai quelques lacunes volontairement laissées dans cet Ouvrage, & qu'il m'eût été impossible de présenter dans un état de plus grande perfection, sans empiéter sur ce nouvel Ouvrage, dans lequel, égoïste encore une fois, je compte plus consulter la nature, que les écrits des Physiciens qui se sont exercés sur cette matière avant moi.

Je crois devoir avertir le Lecteur, que dans la crainte de me répéter dans beaucoup d'articles de ma Minéralogie, je le renvoye à mes Lettres sur la Sicile, & à ma Lythologie : ces trois Ouvrages se tiennent comme par la main ; ainsi je le prie de ne pas me juger sans les avoir lus, ou parcourrus au moins tous. Si après cela il arrive que j'aie tort encore, je l'ai dit, qu'on m'éclaire, & j'en profiterai.

OBSERVATIONS

GÉNÉRALES

RÉLATIVES A L'HISTOIRE

DE LA

MINÉRALOGIE

PARTICULIÈREMENT A L'ÉGARD DES TRAVAUX DE CE GENRE EN SICILE.

L'Origine de la découverte des mines est inconnue : ce qu'il y a de sûr à cet égard, c'est que les tems les plus réculés en ont parlé ; mais quels qu'aient été les premiers travaux de nos peres rélativement à l'excavation des métaux, nous ne pouvons donner à leur labeur le nom d'art, que depuis que les hommes ont unis les lumières de la Chymie à celles que le hasard, & une longue manutention sans principes fixes leur avaient jusqu'alors accordées. Cette observation si juste d'allieurs nous ramène à des tems plus connus, dans l'obscurité desquels le génie, aidé par l'expérience, peut appercevoir quelque lueur utile à cette recherche.

Origine, & ancienneté de la Chymie. Si l'on en croit l'étimologie communément reçue, le nom *Chymie* vient de la parole χηρεια, *Chemia*, feu *Chamia* (fcience de Cham); cela feul prouverait l'ancienneté de cette fcience, d'autant plus que l'Écriture Sainte attribue à **Tubalcain.** Tubalcain l'art de fouiller les mines, de les excaver, de rafiner, & de féparer les métaux, **Bézélaele** (a), & celui de le forger à Bézélaele (b), tandis, que les Anciens reconnaiffent avoir cette **Vulcain.** obligation à Vulcain (c). Sans entrer dans d'inutiles difcuffions philologiques, je me contenterai de conclure que l'art de travailler aux mines, à l'aide de la Chymie, était connu de tems immémorial; que fuivant **Egyptiens, Grecs, Siciliens.** toutes les apparences, il fut inventé par les Egyptiens, qui l'enfeignèrent aux Grecs accoûtumés à voyager parmi eux (d); que les Sici-

---

(a) *Genefe c.* 4. *v.* 22.

(b) *Exod. c. XXXI. v.* 4. 5. *& 6.*

(c) **A Vulcano fabricationem ferri, æris, auri, argenti, cæterorum omnium, quæ ignis operationem recipiunt, inventam dicent.** *Diod. Sicul. antiq. Lib.* 5. *p.* 341.

(d) Profectus eft in Ægyptum Orpheus, Mufeus, Dedalus, Homerus, Lycurgus, Solon, Plato,

Siciliens confidérés de tout tems comme les plus ingénieux, & les plus riches des Grecs, l'exercèrent avec réputation, & avec d'autant plus de facilité, que leur pays par tout abondant en mines, offrait un vafte champ aux connaiffances, qu'ils avaient acquifes dans la fcience minéralogique. Les plus célèbres Ecrivains de l'antiquité ont toujours parlé uniformément des mines de la Sicile. Perfonne n'ignore que Syracufe, Agrigente, Zancla (e), & d'autres fameufes Républiques Siciliennes, retiraient beaucoup de minéral de leur propre fol. Les fameux béliers de Denis (f), les couronnes de Syracufe étaient faites du métal

**

Pythagoras, Eudoxus, Democritus, Abderites; hi in Ægypto certe perceperunt omnia, quæ apud Græcos fuere admirabilia. *Diod. Sic. Lib.* 1. *p.* 86.

(e) *Aujourdui Meffine.*

(f) Ces béliers de grandeur coloffale étaient au nombre de quatre, & décoraient les angles d'une tour entièrement détruite. Deux de ces béliers ont échappé à la barbarie & à l'ignorance, & font confervés dans le Palais Royal à Palerme. Il font de bronze, & de la plus grande beauté.

de la Sicile, ainsi que toutes les monnoies du Pays. On montre encore vers Savoca, & près du lieu dit, Fiume de Nisi, les cavernes, ou plutôt les galeries pratiquées par les Mamertins. Fazello, Auteur Sicilien renommé, cite dans son histoire les cavernes fameuses de ce lieu, où les Anciens, selon lui, récueillaient leur or. Mazza, autre Auteur estimé du pays, dit la même chose des poudres d'or provénantes des fleuves Oreto & Gabriele, dont il croit que les molécules métalliques descendent des veines des monts Cuccio & Caputo (g). Ciceron rend encore un témoignage bien flatteur aux Siciliens de son temps : *Cum Sicilia florebat opibus, & copiis, magna artificia fuisse in ea Insula* (h). Mais depuis que les récompenses ont cessées dans ce pays, les arts ont disparu, sur-tout depuis que les Princes ne se sont plus occupés du soin de veiller à ces travaux, ainsi qu'ils le faisaient ci-devant (i). Ce témoignage peut avoir rapport aux autres arts,

----

(g) *Voyez G. G. d'Adria, de Situ Val. Mazar.*
(i) *Orat. IX. in vers.*
(i) *Agric. de re metallica Lib. II. pag. 20.*

fans intéreſſer en rien la minéralogie de cette Ile : car tout ce qu'on en a dit eſt très-général ; aucun auteur ne s'eſt plu à deſcendre dans les détails des travaux des anciennes mines de la Sicile. Ce qui me fait croire, qu'on n'y aura remarqué aucune différence bien ſenſible & eſſentielle d'avec la manière de procéder dans les autres mines grecques ; c'eſt pour quoi je rapporterai ici ce que nous enſeignent les Hiſtoriens ſur ce ſujet, y joignant les rémarques que le haſard, ou la réflexion m'ont fait faire ſur cette matière.

Quoique les anciens aient eu de très-grandes connaiſſances en Chymie, il paraît, qu'ils n'étaient pas trop ſyſtématiques dans leur manière de claſſer les produits du regne minéral, appellant continuellement dans leurs ouvrages du nom de *metalla*, ſoit les pierres, ſoit les métaux, ſoit même les minéraliſateurs. C'eſt ainſi que dans les pandeƈtes on trouve ſouvent réunis enſemble ces deux mots, qui jureraient de nos jours : *metallum marmoreum.* Diodore dit *aluminis metalla* pour alun., Apulée v. p. 203. appelle le ſoufre : *vivax metallum* &c. nonobſtant ces incorreƈtions qui, peut être,

Généralité de ſignification de la parole metalla.

ne l'étaient pas alors, il faut confeffer que nous devons infiniment aux travaux des anciens dans cette fcience.

La plus grande partie des procédés qu'on employe fi utilement de nos jours, ne font fondés que fur des principes déja connus dans ces tems, mêlés avec beaucoup de préjugés & de fauffes lumières, inféparables d'une fcience naiffante, que l'expérience & les grands génies ont fu éclaircir de nos jours.

Trois fortes de ma-
nieres de recher-
cher les métaux.

   Les anciens connaiffaient trois fortes de manières de travailler aux mines, le lavage des fables chariés par les fleuves, la recherche des lingots dans les champs, & fur les penchants des coteaux; enfin l'excavation du minéral dans les entrailles des montagnes.

Le lavage

   Le lavage était la plus ancienne méthode & la plus naturelle; parceque l'eau des fleuves l'enfeignait elle-même en rapprochant les pailletes métalliques dans les dépôts qui fe formaient dans les bas fonds. L'or, ou tel autre métal s'y précipitait, tandis que le fable, l'argile, ou une terre quelconque qui l'envéloppait, petit-à-petit, diffoute par l'eau, fe délayait, & fuivait les particules aqueufes dans leur écoulement. De ce genre étaient les récoltes du Nil, appellé pour cela par Athenée χρυσορροας (k), celles du Tage en Espagne, du Po en Italie, de l'Hebros en Thrace, du Pactole en Lydie, du Gange dans les Indes, du Niso, de l'Orete, & du Gabriele en Sicile. *Fleuves chariant l'or anciennement.* Tous les habitans de ces diverses contrées avaient la même manière de récueillir, de laver, de séparer ces particules métalliques des molécules terreuses, puis de les fondre grossièrement: C'était là tout le procédé de ce temps.

Le hasard procura aux Ibériens de nouvelles richesses ; & une méthode moins fatigante, qui leur enseignait cependant que l'or se trouve non seulement en paillettes, mais encore en masses assez grandes. C'est ainsi que Justin & Diodore nous l'apprennent. Un agriculteur fut l'auteur de cette découverte, labourant un jour son champ, il sentit son soc arrêté, & *Découverte des lingots d'or dans la terre en Espagne.* cherchant à le dégager, au lieu d'un caillou, ou d'un banc schysteux, il trouva un gros lingot d'or. Le même continua ses recherches

** 3

(k) *Voyez la p.* 203.*, voyez aussi Diodore de Sicile II. p.* 20.

dans ce lieu , & fut amplement récompensé de ſes peines par la quantité d'or , qu'il en récueillit. Le ſecret fut divulgué, & l'abondance de ces lingots engagea les nationaux à des fouilles plus profondes ; cependant , ſoit par pareſſe , ſoir par crainte d'ouvrir les entrailles de la terre à une certaine profondeur , ils ne pouſſerent pas bien loin leurs recherches , ſe contentant de gratter la ſurface du ſol , & laiſſant les plus grands tréſors enſevelis dans l'intérieur des terres , ainſi que le dit Lucrece:

Travaux occaſionnés par cette découverte.

> *Quod ſupereſt, æs , atque aurum, ferrumque*
> *repertum eſt ,*
>
> *Et ſimul argenti pondus, plumbique poteſtas.*
>
> . . . .
>
> *Manabat venis ferventibus in loca terræ*
> *Concava conveniens argenti rivas, & auri,*
> *Æris item, & plumbi.*

On était même ſi peu inſtruit dans ces tems ſur l'origine des métaux , que l'imagination des hommes ſe livrait ſur cet article aux fables les plus abſurdes. C'eſt ainſi que le Peuple Athénien d'allieurs prudent & éclairé, ayant entendu dire, qu'il y avait dans ſon voiſinage une grande quantité d'or gardé par

Préjugés, & anecdote à ce ſujet.

des fourmis d'une grosseur prodigieuse, sortit armé pour aller combattre ces animaux, & leur enlever leur or ; action qui devint dans la suite un éternel motif de risées, & de sarcasmes, dont les Lacédémoniens humiliaient les Athéniens.

Ne connaissant pas d'autre manière de récueillir l'or, que suivant les deux méthodes, dont nous avons parlé ci-dessus, les Grecs, & les autres peuples adoptèrent les dénominations qu'avaient donné les Ibériens, les Peuples de la Bétique, & ceux de la Lusitanie à ces deux formes, sous lesquelles ils trouvaient l'or dans leur sol. Les lingots furent nommés *Palacras*, & les pailletes *Balucæ* (*l*). *Palacras, & Balucæ.*

Tout ce que j'ai dit jusqu'à présent n'est relatif qu'à l'or ; car c'est le premier métal qui ait été connu ; quoiqu'il y a des Historiens qui semblent donner cette préeminence d'ancienneté au cuivre. Nous n'avons, en faveur d'aucun de ces métaux, rien qui puisse être regardé comme décisif ; cependant je pancherais à donner la préference à l'or, *Or premier métal connu.*

(*l*) *Voyez Pline liv. XXXIII.*

vu qu'aucun Hiſtorien ancien ne parle point d'un fleuve chariant des particules cuivreuſes ; tandis qu'il y en a beaucoup qui font mention de la récolte des pailletes d'or par ce moyen.

A la lueur du flambeau de l'expérience, & à l'aide des tems, les Egyptiens, les Phéniciens, & les Indiens ſoupçonnerent que l'or ne pouvait pas venir ainſi en lingots au milieu des champs ; que ce n'était point un dépôt d'inſectes, ni d'oiſeaux, comme l'avaient bonnement cru leurs ancêtres ; que l'or ne croiſſait pas non plus au milieu du ſable, ni dans les lits des fleuves. Inſtruits par les veines de différens marbres, & par celles des autres pierres, dont le haſard, & les viciſſitudes du Globe leur découvraient les ramifications, ils conclurent que l'or & les autres métaux, dont il commençaient à avoir quelques connaiſſances, devaient ſe trouver dans l'intérieur des terres, & particulièrement dans les montagnes, d'où ils avaient remarqué que les eaux des fleuves apportaient les paillettes qu'elles chariaient. D'après ces principes naquirent des obſervations ſouvent minutieuſes, & pleines de ſuperſtitions, mais toujours fondées ſur quel-

ques vérités. C'eſt ainſi que ces peuples s'adon-
nèrent à l'étude de tout ce qui pouvait avoir
quelque rapport à leur objet ; terres , pierres ,
plantes , tout fut examiné ; & c'était déjà la
ſcience du tems , de ſavoir le pourquoi du
voiſinage d'un corps près d'un autre. Ces travaux ne reſtèrent point ſans recompenſe; beaucoup de ſecrets utiles à la médecine, des mines de toute eſpèce , toutes ſortes de carrières
des plus beaux marbres : enfin la lumière , &
la richeſſe des nations naquirent de ce labeur.
Les Egyptiens , les Phéniciens & les Indiens
furent également regardés comme les ſeuls peuples minéralogues de la terre. Auſſi toutes les
Nations allaient chez eux en foule apprendre
non ſeulement tout ce qui pouvait ſervir à
les rendre meilleures, mais encore cherchaient
elles à s'inſtruire parmi eux dans les arts,
dans les ſciences , & ſur tout dans celle
de la nature ; parce que dans ce tems là
la Phyſique, la Chymie, la Minéralogie, &
l'Hiſtoire naturelle ne formaient qu'un tout ,
connu des Philoſophes ſeuls , & appellé la
ſcience par excellence.

Bientôt la lumière s'étendit, & devint commune à toutes ces nations, à tous ces peuples, même à ceux qui n'étaient pas les plus Péoniens. policés. Les Péoniens découvrirent des paillettes d'or dans le fleuve *Axium* près de la Ville d'*Amigdone*. Leurs champs même leur offraient des lingots d'or, suivant Strabon (*m*) bien avant qu'Alexandre le Grand les eut Macédo- subjugés. Depuis cette conquête les Macédoniens. niens rendirent célèbre toute la Contrée, renfermée entre le fleuve *Axium*, & le *Strymon* par la grande quantité d'or qu'elle leur fournissait. Du temps d'Alexandre fils d'Amyntas ces Peuples possédaient déja une mine d'arThraces. gent près des marais *Présiadiens* (*n*). Les Thraces avaient aussi une mine d'or sur le Mont *Dylorus* (*o*). Cadmus découvrit en Thrace dans le Mont *Pangaeus* des mines d'or & d'argent, dont parle Hérodote, suivant le témoignage de Pline (*p*). De là vinrent les ri-

---

(*m*) *Voyez Epit. VII. pag.* 109. *Edit. Oxon.*
(*n*) *Voyez Hérodot. V. pag.* 17.
(*o*) *Voyez Strabon Epit. VII. pag.* 110.
(*p*) *Voyez VII.* 56.

cheffes, dont Philippe Pere d'Alexandre le Grand féduifait les Gouverneurs des Villes ennemies, & dont il facilitait fes conquêtes, ainfi que l'a élegamment décrit Horace:

Diffidit urbium

Portas vir Macedo, & fubruit æmulos

Reges muneribus (q).

fe flattant de fe rendre bientôt maître de toutes les Villes, où il pouvait feulement faire parvenir un âne chargé d'or, ainfi que le rapporte Cicéron (r). Les mêmes récoltes formèrent les tréfors de *Crefus*, & ceux de *Gyges*, aux dépens des paillettes que chariait le Pactole. Les *Abydènes* profitaient des mêmes avantages (s). Les *Calcédoniens* avaient l'Ile de *Démone*, où ils recueillaient une chryfocole, où *lapis-lazuli* très-riche en or (t). Les Habitans du Pont ré iraient des environs de la Ville de Chalybe un fer excellent, & furent lui donner une très-bonne trempe, dé-

Crefus, & Gyges.

Aby lè-nes.
Calcédoniens.

Habitans du Pont.

(q) III. *Ode* 16.

(r) *Voyez* I. *Epift.* 16. *ad Attic.*

(s) *Voyez Ariftote in mirabilia p.* 720.

(t) *Voyez Strab. XIII. p.* 607.

couverte qui non feulement conferva à l'acier le nom de cette Ville, mais encore fit préférer l'ufage de ce métal à celui du bronze, dont toutes les nations fe fervaient de préférence jufqu'à ce moment (*u*).

Colchide. Bentôt les richeffes de la Colchide, où l'on avait récemment découvert des mines d'or, d'argent, & de fer, attirèrent l'envie des Nations voifines. De la naquirent ces fameux voyages de *Phryxus*, de *Jafon*, de *Sefoftris*; de là l'origine de l'expédition des Argonnautes ; & par la fuite les Medes, les Perfes, & enfin les Sarrafins firent diverfes excurfions fur ce territoire. Les principales richeffes des Habitans de Colchos provenaient des paillettes d'or recueillies dans le lit du torrent *Soanes* (*v*) ; cependant ils avaient auffi des mines fous **Meffage-**terre, ainfi que l'affûre Pline (*x*). Les Meffa-**tes.** getes avaient auffi leurs mines d'or & de cuivre, fuivant Strabon (*y*). Enfin toutes les

---

(*u*) *Voyez Callim. de Com. Béren., & ammia XX.*

(*v*) *Voyez Strab. XI. pag.* 499.

(*x*) *Voyez Appian. de bello Syr. p.* 118.

(*y*) *Voyez Strab. XI. pag.* 513.

Nations un peu célèbres dans l'antiquité ont toutes dues leur gloire & leur puiſſance à l'abondance des métaux qui enrichiſſaient leur ſol. Cependant les principales mines de ces temps étaient celles des Egyptiens déja connues du tems d'Oſyris ; c'eſt par leur moyen que Ptolomée Aulete fut en état de donner à Céſar juſqu'à ſix mille talens (z). Puis venaient celles d'Arabie, contrée non ſeulement riche en parfums, & en bois précieux, mais encore en or. L'Ecriture Sainte nous parle de la Ville de *Saba*, comme étant très-riche en or, & en pierres de grand prix (a) ; ſes richeſſes étaient ſi grandes, qu'Alexandre le Grand voulait y établir le ſiége de ſa Monarchie, & l'eût fait, ſi la mort n'eût prévenu ſes deſſeins. La Ville de Gaza était encore réputée très-riche en ce temps, & a introduit (à cauſe de ſes grands dépôts) le nom de magaſin

Egyptiens.

Arabie.

(z) *Voyez Suetone in vita Cæſ. 54. le talent Egyptien ſuivant Varron valait LXXX. livres d'or.*

(a) *Voyez I. Liv. des Rois 10. 2.*

dans toutes les langues (*b*). Enfin dans le même pays on peut citer encore les Villes de *Ga-boos*, *Saboca*, *Minea* &c. La célèbre Ville de *Tamafus* dans l'Ile de Chypre avait dès la plus haute antiquité un cuivre excellent ; métal auquel l'ufage a confervé le nom de cette Ile.

Chypre.

Thucydydes & Xénophon rendent un témoignage unanime aux mines de l'Attique, les réconnaiffant pour celles qui ont é:é le plus anciennement connues (*c*). Près du promontoire de *Sunium* eft le Mont Laurus, où les Athéniens avaient des mines en argent d'une richeffe inconcevable, qu'ils faifaient exploiter par leurs prifonniers; parcequ'il regardaient ce travail comme très-périlleux, & plus digne d'un efclave que d'un homme libre.

Attique.

La méthode de fouiller la terre, pour découvrir les veines mé:alliques, était appellée *Arugias* dans ce tems, & était eftimée peu

Arugias.

(*b*) *Voyez Bazil. Caryophy. de antiq. auri &c. fodin. pag.* 103.

(*c*) *Voyez Thucid.* 11. *pag.* 115. *Voyez auffi Xénoph. p.* 259.

fûre , parceque les Anciens n'avaient d'autres
principes dans leurs travaux , que quelques
terres , qu'il regardaient comme indicateurs (*d*).
L'Arugias eft la troifième manière de recher-
cher les minéraux , dont j'ai parlé plus haut.

Les Athéniens employaient pour la plupart
à ces travaux, en outre de leurs prifonniers &
de leurs efclaves, les Thraces, autrement dit
Beffiens, Peuples qui habitaient près du Mont- Beffiens.
Hemus, dont parle ainfi Claudien à ce fujet :

Quidquid fluviis evolvitur auri,
Quidquid luce procul venas rimata fequaces
Abdita pallentis fodit folertia Beffi (*e*).

Il femble que dès ces tems, déja l'art de
travailler aux mines, fut réfervé aux Peuples
de ces contrées, de préférence à toutes les
autres Nations.

Encore ces travaux étaient-ils peu de chofe
en eux-mêmes, fi nous en croyons ce paffage
de Pline :

Quod effoffum eft, tunditur . . . . mollitur
in farinam, ac pilis cudunt, vocant argentum,

(*d*) *Voyez Pline Liv. XXXIII.*
(*e*) *Voyez Claud. de Conful. malii* 39.

quod exit a fornace; sudorisque, qui a camino jactatur spurcitia, ex omni metallo scoria appellatur. Hæc in auro tunditur, iterumque coquitur.

Plin. L. xxxiii. p. 617.

Cependant cela fait voir qu'on avait déja dès ce tems là quelque idée des Boccards, & de la fusion des scories métalliques.

Romains. Les Romains, excepté la mine de *Vercellium*, qui d'abord fut travaillée avec beaucoup de chaleur, puis en partie négligée à cause d'une loi, par laquelle les Censeurs défendaient d'y employer plus de cinq mille personnes à la fois, pour ne point affaiblir la mine (*f*), & qui dans la suite fut tout à-fait abandonnée; excepté, dis-je, la mine de *Vercellium*, les Romains avaient encore en Italie celles de Sardaigne, & celles de Sicile; mais par un décret du Sénat il fut ordonné de combler tous les travaux, de fermer toutes les mines, afin de diminuer les motifs qui pourraient exciter la cupidité des Nations étrangères, & les engager à entrer dans la *Mere-Italie*; disaient-

____

(*f*) *Voyez Plin. Liv. XXXIII.*

faient-ils (*g*). Au défaut de ces mines, les Romains exploitaient celles des autres nations ; & beaucoup de riches particuliers Romains étaient entrepreneurs de la plu-part de ces mines. C'eft ainfi que Craffus poffédait plufieurs mines d'argent en Efpagne, dont le produit fut un des inftrumens de la grandeur de Céfar.

***

(*g*) L'indifférence des Romains à l'égard des mines, qui pouvaient fe trouver en Italie était telle que Pline affûre, qu'il n'y avait point d'alun dans tout ce pays, quoiqu'en outre de beaucoup de petites mines de cette fubftance, il y en a deux célèbres & connues à tout le monde : celle de Tolfa au près de Civita-vecchia, & celle de Monte-Rotondo en Tofcane. La rivalité même de ces deux mines eft fi grande, que lors de la guerre de la fucceffion, le Pape ne permit à l'Impératrice de mettre un impôt fur les dixmes & fur le Clergé, qu'à condition qu'elle engageât fon Époux, alors Duc de Tofcane, à faire fermer les mines de Monte-Rotondo ; parce que l'entrepreneur de celle de Tolfa avait déja obtenu de la Chambre Apoftolique un rabais de feize mille écus, fur quatre vingt mille, qu'il payait par an. Par confidération pour Rome les mines de Monte-Rotondo font reftées fermées jufqu'en 1777.

**Phéni-
ciens, &
Efpa-
gnols.**

Depuis que les Phéniciens découvrirent les premières mines d'Efpagne, on en a remarqué journellement de nouvelles ; & ce pays de tout tems, à caufe de l'abondance de fes métaux, paraiffait à toutes les Nations une terre de bénédiction. Parmi les principales mines de ce pays, on doit compter celles des Pyrénées, où les Romains firent d'immenfes établiffemens, autant pour la comodité des travailleurs, que pour leur fûreté contre les invafions des Peuples voifins, ainfi que le rapporte l'Editeur Français du traité mérallique d'Alonzo Barba (*k*), celles du Mont-Herminius près de la Ville de *Medobriga*, celles de la *Turditanie*, celles des Villes d'*Illipa*, *Sifapon*, & *Caftulo* (*i*), & généralement celles de tout le terrain de *Cordoue*, au quel Silius Italicus rend ce témoignage :

Nec decus auriferæ ceffavit Corduba terræ (*k*).
Celles du Mont-*Marius* près de *Taragone*, cel-

(*h*) *Voyez fon mémoire fur l'utilité des mines des Pyrénées.*

(*i*) *Voyez Strab. III. pag.* 142.

(*k*) *Voyez Sil. Ital. Pun. III. p.* 401.

les d'*Almadem* dans la *Manche*, & tant d'autres moins fameuſes.

Enfin les mines les plus célèbres de l'antiquité, étaient celles des Indes, particulièrement celles de la *Taprobane*, dont Hérodote parle déja avec admiration (*l*). C'eſt-là qu'abordèrent ces Phéniciens envoyés par Néco Roi d'Egypte, pour faire des découvertes dans les mers voiſines, & que la tempête porta à travers la mer rouge juſques dans les Indes. C'eſt-là qu'étaient dirigées les flottes de Salomon, & celles d'*Hyram* Roy de *Tir* (*m*). C'eſt-là encore que du tems de l'Empéreur Veſpaſien les Romains faiſaient un commerce extrêmement lucratif (*n*). C'était la même choſe du tems d'Auguſte ; ce qui a fait dire à Horace :

Impiger extremos currit mercator ad Indos

Per mare pauperiem fugiens (*o*).

Indes.

Taprobane.

(*l*) *Voyez Hérodot. III. pag.* 106.

(*m*) *Voyez I. Reg.* 9. 26. 17. *Paral. VIII.* 19. 20. *IX.* 21.

(*n*) *Voyez Pline VI.* 23.

(*o*) *Voyez I. Epiſt.* 1. 45.

Tous les Hiſtoriens les plus rénommés ont exercé leur erudition ſur cette Ile célèbre; mais on n'eſt pas encore bien ſûr, ſi c'eſt l'Ile de *Ceilan*, ou quelque autre Ile voiſine du promontoire de Comorin. Par ce commerce continuel depuis tant de ſiècles juſqu'à nos jours, on peut ſe figurer l'immenſe fond de richeſſes que renferme ce pays.

Gaulois. Les Gaulois avaient auſſi leurs mines; Auſone même leur reproche de mépriſer les richeſſes, que leur offrait la rivière de Tarn:

Auriferum poſtponet Gallia Tarnem (p).

Ce Tarne eſt très-peu de choſe aujourd'hui; c'eſt une petite rivière, qui tombe dans la Garonne au-deſſus de Montauban. Les principales mines des Gaulois étaient dans les Pyrénées, ainſi que le rapporte Strabon (q); entr'autres celles du Mont *Cimento* en Aquitanie. Mais depuis ce tems mille recherches, & les encouragemens les plus flatteurs des Rois de France on fait découvrir les mines les plus abondantes, & les plus belles dans ce

____

(p) *Voyez Auſone Moſ.* 465.
(q) *Voyez Strab. III. p.* 146.

pays, & ont mis ce Royaume presque au niveau de l'Espagne pour ce genre de richesses.

Les mines d'Angleterre étaient peu connues *Anglais.* anciennement ; cependant César dit de ce pays: *Nascitur ibi plumbum album in Mediterraneis, in maritimis ferrum, sed ejus exigua est copia : ære utuntur importato* (r). Avec le tems ce pays a fait connaître, qu'il renfermait aussi toutes sortes de métaux, & surtout une quantité incroyable d'étain que je crois être le plomb blanc, dont parle César.

Le *ferrum noricum* est trop souvent cité par les plus célèbres Historiens pour que je crois nécessaire d'en parler ici. L'Allemagne a tou- *Allemands, & Hongrais.* jours passée, ainsi que la Hongrie, pour des pays qui renferment des richesses inconcevables en fait de minéraux ; & les travaux actuels soutiennent plus que jamais cette réputation.

D'après ce tableau général des principales mines anciennement connues, on voit aisément que dépuis la plus haute antiquité, la Minéralogie était considérée comme un art utile, & comme une science digne des plus grands

*** 3

(r) *Voyez César de Bel. Gal.* 12.

hommes ; mais , ainsi que je l'ai obser-vé ci-dessus, ce n'est qu'à force de bévues, & à l'aide de plus de trente siècles , & peut-être bien plus , que les hommes sont parvenus à cet état de connaissances qui distingue les Minéralogues de nos jours.

Ce détail historique n'est déja que trop long pour un simple avant-propos ; il est tems de revenir à mon objet principal. Je suis fâché qu'aucun Historien respectable ne m'offre rien de bien sûr au sujet des travaux des mines en Sicile. Je n'aime point à rapporter des fables ; ainsi je laisserai tous les contes modernes, que je pourrais citer sur cette matière , & je me contenterai de marquer dans le corps de cet Ouvrage les lieux, où l'on a cru reconnaître la main des premiers habitans de cette Ile , & je passerai dans ce moment-ci à des tems plus connus, & à des époques plus certaines.

Il est peu de pays qui aient été soumis à plus de vicissitudes que la Sicile , & qui dans le cours de peu de siècles se soient vus dans la dépendance de plus de nations; Les Grecs, les Carthaginois, les Romains, les

Sarrafins, les Normands, les Français, les Efpagnols, les Allemands, les Piémontais, enfin les Efpagnols pour la feconde fois, ont donné des loix à cette Ile. De tous ces Peuples il n'y a que les Grecs & les Romains qui aient fu tirer parti des richeffes intérieures de ce fol; nous ne favons rien des Carthaginois à ce fujet. Les Sarrafins, au rapport d'un de leurs écrivains, tirèrent du feul fleuve *Orete* en une année 98. marcs d'or pur par le feul lavage, & la fébille (s), & près de 64. marcs dans le fleuve Gabriele. Cela fuppofe de grandes richeffes. Les Normands, Peuple belliqueux, plus appliqués à l'art de la guerre qu'aux fciences, & plus foucieux de cueillir des lauriers, & de conquérir des Provinces, que de protéger les arts, & d'encourager les favans, achevèrent de plonger dans l'oubli tout ce que l'on pouvait favoir des travaux des mines de la Sicile. Cependant j'ai appris dans

Grecs, & Romains.

Carthaginois.

(s) *Voyez Abi Abdala Sady. antiq. Sarafines C. IV. p. 180. trad. de Mr. de Jaucourt édit. de Paris 1726.*

un Auteur Sicilien (*t*) que les colomnes de Granite de la Cathédrale de Meſſine ont été dorées, dans le tems du Comte Roger, avec de l'or retiré du fleuve de *Niſo*, ce Prince voulant conſacrer à la Divinité les prémices de ſes découvertes en ce genre. Ce même Hiſtorien remarque que ces travaux ne furent point continués, & que l'on ne retirait que très-peu d'or de ce fleuve dans la ſuite ; ſoit que la ſource en fut tarie, ſoit que l'ignorance des employés ne ſût pas tirer parti des richeſſes qui leur étaient confiées. En 1282.

Français. les Français, ſous le Duc d'Anjou, ayant fait la conquête de la Sicile ne purent point travailler à ces mines, étant toujours obligés de ſe tenir ſur leurs gardes contre leurs ennemis, qui les environnaient de toutes parts, & qui vers la fin du même ſiecle, le jour funeſte des Veſpres Siciliennes les chaſſèrent de l'Ile.

Eſpagnols Les Eſpagnols s'étant rendus maîtres pour la première fois de la Sicile firent d'inutiles tentatives à cet égard ; il faut même qu'elles euſſent été bien faibles, puiſque un de leurs

---

(*t*) *Voyez Bonnani Stor. crit. Sicil. p.* 233., *& ſuiv.*

Hiſtoriens contemporains (*u*) n'en parle qu'en paſſant, & traite ce ſujet très-légérement.

Peu de tems aprés la conquête de la Sicile par les Allemands, l'Empéreur Charles VI. employa à ces mines d'habiles mineurs Allemands & Hongrais. On commença par celles de Niſo, comme les plus apparentes, & l'on frappa même des médailles de la grandeur d'une pièce de 24. ſols, portant l'empreinte de la tête de ce Prince avec cette légende : *CAROLUS VI. D. G. R. E. A. GER. HIS. SIC. REX* ; & au revers on voyait la Carte Géographique de la Sicile avec cette exergue : *EX VISCERIBUS MEIS HÆC FUNDITUR.* Il paraît même qu'on frappa ces médailles à deux repriſes ; car j'en ai vu, où ne ſe trouvaient plus les deux derniers mots de l'exergue : *HÆC FUNDITUR.* Ces monnoies n'étaient que de ſimples médailles hiſtoriques, & n'ont jamais paſſé dans le commerce.

Quoique les Piémontais ne poſſédèrent que peu de tems la Sicile, ils y ont laiſſé des traces de leurs travaux aux mines ; mais bientôt

Allemands.

Piémontais.

(*u*) *Voyez Sanches Alfonſiana liv.* 3. *p.* 54.

l'échange faite avec l'Empereur, fit détruire par ces derniers tous ces qu'ils avaient fait dans l'Ile qu'ils abandonnaient.

Espagnols par la seconde fois. Les Allemands, étant obligés de céder en 1734. la Sicile à Charles III., annuilèrent leurs travaux, comblèrent leurs galeries & effacèrent, pour ainsi dire, jusqu'à la trace de leurs découvertes. Charles III. étant monté sur le Trône des deux Siciles, fit travailler à ces mines de nouveau pour son compte; il y dépensa des sommes immenses, soit pour rétablir les grottes ou galeries, soit pour construire des fonderies, soit pour se pourvoir de bons ouvriers, & d'ustensiles nécessaires. Les fonds destinés à ce travail tout considérables qu'ils étaient, se trouvèrent dissipés sans aucun profit; mais venons à l'exposition de l'état présent des travaux.

On a actuellement divisé ces mines en deux branches ou hiérarchies. Les métaux sont affermés au Chevalier Minutolo Sicilien, qui est encore à chercher comment il s'y prendra pour faire valoir son entreprise; & il y a lieu de croire, ou qu'il s'y ruinera comme les autres, ou qu'il se contentera de ramasser le minéral de ces métaux, & de le vendre en nature à Venise & à Trieste, où l'on fait le séparer ou le fondre : c'est du moins son projet jusqu'à présent. Les minéraux, comme antimoine, soufre, vitriol, alun, cinabre &c. sont affermés à des Négocians de Naples, qui sont venus s'établir à Messine sous la Raison des Freres de la Marra, & qui ont déja commencé leurs travaux. Comme leurs opérations ne font ni si difficiles, ni si compliquées que celles qui sont rélatives aux métaux, que d'ailleurs ils ont eu des fonds suffisans pour fournir aux premières dépenses, & que les retraits les ont déja couverts en partie, il est probable qu'ils y réussiront. C'est quelque chose pour un pays, où l'on ne faisait rien ci-devant, mais ce n'est pas encore la vraie manière de faire valoir des mines aussi variées que celles de la Sicile.

Ces Messieurs ont déja fait plusieurs envois d'antimoine dans différentes places de l'Europe. Ils travaillent à réacquérir les mines de soufre, qui sont très-abondantes dans cette Ile, & dont les Barons se sont emparés, parcequ'elles se trouvent dans leurs domaines. Ils en ont révendiqué, & obtenu quelques unes ; & s'ils parviennent, comme ils s'en flattent , à prendre poffeffion des autres , cet article feul peut faire leur fortune. Le Directeur de cette partie eft Mr. Conftantin de la Marra , jeune homme très-actif & très-intelligent ; il eft déja connu dans la République des lettres par quelques ouvrages intéreffans , qu'il a donnés au Public.

On peut régarder Nifo , proprement dit : *fiume di Nifo* , comme le chef-lieu des mines de la Sicile , furtout pour les métaux; Savocca, Limina , Novarra , Fondachella , Rocca-lumera font les principaux lieux , où l'on ait ouvert , & pratiqué des galeries. Il y en a beaucoup d'autres ; mais les travaux y font prefque tout-à-fait détruits. La mine d'argent de Nifo a plufieurs branches, entr'autres celle qu'on appelle S. Carlo , eft des plus riches ; on y apperçoit des filons affez confidérables. Il y a dans ces diftricts des mines d'argent , de plomb , de cuivre , de plomb & argent , de cuivre & argent, toutes furchargées de marcaffites, d'antimoine , d'arfénic , de foufre , de blende , & d'autres femi-métaux, imparfaits pour la plupart.

On affûre qu'il y a une mine d'or qui a été travaillée autrefois dans cet endroit ; mais ce n'eft qu'une tradition , & l'on n'a rien de fixe fur cet objet.

Les Sieurs de la Marra travaillent à fiume di Nifo leur antimoine, dont il y a une très-grande quantité de différentes fortes & qualités. Les filons jufqu'à préfent font fuperficiels , & inconftans. Ces Meffieurs ont fait percer plufieurs nouvelles galeries. Si ce travail fe continue, on peut fe flatter qu'ils trouveront les troncs du minéral. Ils fondent fur les lieux ce qu'ils retirent, & ce qu'ils ont déja extrait, eft égal pour la qualité à l'antimoine de Hongrie.

Il y a auffi à Nifo plufieurs mines d'alun , & de vitriol; le défaut d'ouvriers propres à ce travail a empêché Meffieurs de la Marra jufqu'à préfent d'y mettre la main. Enfin on a trouvé dans ces mêmes montagnes du cinabre naturel ; mais on n'a pas pu encore découvrir s'il y eft en quantité fuffifante pour mériter des travaux fuivis ; les filons apparens n'en font que de l'épaiffeur du tranchant d'un couteau. Si ce qui fuit cette découverte n'eft pas plus confidérable, il ne tournerait pas à compte aux Entrepreneurs d'y travailler.

J'avois defiré établir un état fixe du produit de ces mines; mais le travail des minéraux étant à peine commencé fur un pied un peu refpectable; & celui des métaux ne l'étant pas encore, on ne peut dire au jufte combien on en exploite par an, ni le nombre des-perfonnes qui y font employées. La fabrique de l'antimoine occupe actuellement près de deux cens perfonnes; & les Fermiers en ont extrait depuis neuf à dix mois paffé trente mille livres de fondu. Au refte, fi le projet du Chevalier Minutolo s'exécute, on croit qu'il pourra en extraire en minérai brut environ mille cantares, ou deux cens mille livres pefant par an.

J'ai trouvé la même difficulté à déterminer la quantité de métal que peuvent produire ces mines, rélativement aux différens minérais qu'elles fourniffent. Voici le réfultat de mes effais qui s'écartent peu de l'état qui m'en a été préfenté par les Mineurs, par ordre du Prince Pignatelli Strongoli.

Le territoire de *Fiumo di Nifo*, & particulièrement la Galérie de Saint Charles, donne dix-neuf onces d'argent, & six rotules de cuivre par quintal Sicilien.

La Galérie de Sainte Cathérine dans le même territoire, ne donne que trois onces d'argent, & vingt-cinq rotules de plomb par quintal Sicilien.

Dans le territoire de Fondachelli, le puits dit *Speuces* donne seize onces d'argent, & six rotules de cuivre; & celui de Saint Joseph, dans le même territoire, donne soixante rotules de plomb par quintal Sicilien.

Les Galéries de Saint Paul à Limina donnent trois onces d'argent, & trente rotules de plomb par quintal Sicilien.

Il y a encore plusieurs autres mines moins considérables, qui varient dans leurs produits rélativement à l'argent & au plomb, & surtout par rapport au cuivre qui est très-inégal dans ces filons; & l'antimoine donne presque toujours quarante pour cent.

Le Rotolo répond à peu près à deux livres & demie, poids de marc; & le Cantaro, ou quintal Sicilien, équivaut à deux cens livres, poids de table, ou cent foixante-trois livres, poids de marc.

Par une claufe expreffe du Bail, tout l'argent qu'on peut retirer des mines, doit être envoyé à la Cour exclufivement, & elle le paye fa valeur intrinfeque. Le cuivre & le plomb peuvent fe vendre aux étrangers ; mais la Cour s'eft réfervée la préférence, au cas qu'elle en eût befoin. Il en ferait de même du foufre & de l'antimoine, fi la Cour confidérait le travail actuel comme quelque chofe de confidérable.

Tous les travaux des mines que j'ai nommées jufqu'à préfent, fe font à l'Allemande, particulièrement les lavages ; & quoiqu'on n'y apperçoive pas tout-à-fait la fage économie de ceux de Hongrie, ils font cependant de beaucoup préférables à ceux de France.

Il n'y a plus d'Hôtel de monnoie à Meffine, on l'a tranfporté à Palerme, & on y bat les monnoies de cuivre ; mais on en tire la matière ouvrée de Triefte, d'où les piéces viennent toutes limées, & coupées dans les grandeurs données.

Rélativement

Rélativement aux prix des métaux, voici ce que l'on peut obferver : l'argent pur eft un, par fa qualité ; fa valeur intrinfèque eft la même dans toute l'Europe. Le cuivre & le plomb font marchandifes : leur prix varie fuivant les circonftances & le befoin ; l'argent fin ou épuré vaut à Meffine cinq onces fix tarins la livre de douze onces, ce qui équivaut à dix onces trois cinquièmes, poids de marc ; enforte que le marc vaut cinquante livres feize fols huit deniers tournois. Le cuivre en barres vaut deux tarins, quatre grains ; en planches, trois tarins la livre. Le plomb eft vendu à feize grains le rotolo, le tout en monnoie de Sicile. La livre tournois vaut au pair quarante-huit grains ; mais elle varie fuivant le change.

Par ces détails généraux, je crois avoir mis le Lecteur plus à même de fuivre ma Minéralogie ; les obfervations particulières fe trouveront dans le corps de l'Ouvrage.

INTRODUCTION.

LA pofition de la Sicile eft des plus favorables, fituée entre le 36. 39. m., & le 38. 6. m. dégré de latitude ; & entre le 30. 6. m., & le 33. 18. m. dégré de longitude. Cette Ile eft peu expofée à la rigueur des vents du Nord, & en même tems fouffre légérement l'ardeur dévorante des vents du midi ; excepté dans quelques endroits, comme à Catane ; mais alors le local influe infiniment. Dans cette petite étendue le terrain de cette Ile eft très-diverfifié, à caufe des viciffitudes, auxquelles ce pays a été en bute. Plufieurs Géographes ont cru devoir attribuer la naiffance de la Sicile à l'action éructatoire d'un Volcan fouterrain, de la nature de celui qui

a formé l'Ile de Santorin; d'autres
fe font contentés d'analyfer les couches des différens bancs, qui compofent fon fol; & en les affimilant
à celles du refte de l'Italie, particulièrement à celles de la Calabre ul-
térieure, ont annoncé dans leurs
ouvrages, que la Sicile avait jadis
formé un feul tout avec l'Italie,
mais qu'un violent tremblement de
terre l'en avait détachée. Ces hy-
pothèfes font affûrément ingénieu-
fes; mais l'examen rigide du local
ne confolide pas trop ces raifonne-
mens. Les couches des deux bords
font, il eft vrai, affez égales entre
elles; mais dans l'analyfe qu'on en
fait, on apperçoit bientôt qu'elles
font de nature abfolument différente. Tout ce que l'on pourrait dire
en faveur de la proximité des deux
côtes, c'eft que le Phare, ou détroit de Meffine ne fubfiftait point

autrefois, & que ce n'eſt qu'un continuel lavage des lames de la mé-
diteranée, aidé de l'impulſion du
fluide qui ſe trouvait reſſerré entre
le continent, & cette Ile naiſſante
qui enfin, par un déplacement continuel des molécules terreſtres com-
poſant le premier ſol, s'eſt entrou-
vert un libre paſſage à travers les
deux maſſes. Cette opinion pourrait
même être étayée par ces deux faits,
l'un atteſté par les annales de l'hiſtoire, l'autre viſible encore de nos
jours. Annibal fuyant la trahiſon
de ſes perfides amis, & cherchant
le plus court paſſage pour ſe mettre à l'abri de leurs fureurs, fut
aſſailli en mer d'une tempête violente. Pylore ſon Pilote pour ſe
mettre plus à couvert, préféra au
détroit de la Sardaigne celui de Sicile. Annibal ſe voyant ſi près des
Romains, crut que ſon Pilote le

trahissait, & dans un premier mouvement le tua; mais bientôt recon-
naissant son tort, il rendit à Pylore les honneurs funèbres, & impo-
sa son nom au cap qu'il avait souil-
lé de son sang. Etait-il possible qu'un
si grand Capitaine ignorât qu'il y
avait un passage entre la Sicile, &
la Grande Grece, à moins qu'il ne
fût récent, ou peu connu encore.
Cependant on pourrait objecter ici
toutes les histoires merveilleuses,
qu'ont rapportées les premiers Poe-
tes de l'antiquité sur les gouffres de
Scylla, & de Carybde. Quelle né-
cessité y aurait-il eu de s'exposer à
ces dangers, si ce ne fût pour suivre le passage le plus court pour
le commerce de la Grande Grece,
avec la mere-patrie. Le second fait
n'est que physique; c'est l'impétuo-
sité du courant de la mer dans ce
détroit, dans le tems du flux & du

reflux, au point que le Phare dans ce moment paraît un fleuve majestueux, roulant vers son embouchure les ondes les plus superbes. Ce mouvement est sensible dans tous les passages, que la mer s'est faits, comme, dans le détroit de Gibraltar, dans le Canal de la Manche, dans le Phare de Messine, dans le pas de Suze, & même dans tous les golphes, qui ne peuvent être comparés qu'à une impasse n'ayant point de débouché; & dont la plupart seraient déja plus enfoncés dans les terres, qu'il ne le font, si la position du globe n'eût entraîné le point de pression des eaux d'un autre côté.

Dans l'examen, que j'ai fait du sol de la Sicile, j'ai remarqué que cette Ile doit principalement les variétés de son terroir à l'action des Volcans, & plus encore aux produits neutres, nés de l'union des ſels volcaniques avec les ſubſtances les plus ſimples. Ce ſerait ici le lieu de parler de la formation de la plupart des terres, que je reconnais ne pas être primitives, & auxquelles cependant l'homme n'a pas encore oſé aſſigner une origine volcanique; mais c'eſt à ma Théorie des Volcans, que je réſerve cette analyſe. Tout ce qui n'eſt point couvert de laves, de cendres ou de ſcories, doit encore ſubir une autre ſoudiviſion. Beaucoup de terres ne paraiſſent point volcaniques, parce qu'elles n'affichent point aucune des ſubſtances analogues, que je viens de nommer; mais l'on n'obſerve pas que les molécules de ces mêmes terres ſont toutes entremêlées de principes volcaniques ſingulièrement triturés. On remarquera même que la nature eſt quelque fois tout-à-fait contradictoire dans ces apparences. Tel terrain , comme celui de la Vallée de Mazzara, ne préfentera aucun indice volcanique au déhors; & cependant abondera de ces principes intérieurement. Tel autre, comme celui de la célèbre vigne de Tokay en Hongrie, paraîtra tout couvert de débris de laves, & de fcories étrangères à fon fol, & n'aura au milieu de fes particules terreftres aucun de ces fels, qu'on croit y trouver abondamment. C'eft à cette contradiction apparente qu'on doit attribuer la plus grande partie des bévues de la plupart des Naturaliftes, qui fe font contentés d'une analyfe fuperficielle.

D'après ces obfervations je diviferai les terres de la Sicile en trois claffes; j'appellerai la premiere Volcanique, la feconde femi-volcanique , & la troifième Naturelle.

A cette première division générale, succédera une autre plus par-
ticuliere, qui naît du sein même de ces produits. Les terres Volcaniques sont de deux espèces : il en
est d'indigènes, il en est d'étrangères
au sol, sur lequel elles se trouvent,
suivant quelles proviennent de la
torréfaction des particules terrestres
du lieu, où la lave a passé ; ou
bien de la destruction de la lave
recouvrante. Les terres semi-volcaniques sont infinies ; leur variété
dépend de celle des sels, qui y
abondent. Les terres naturelles sont
également de plusieurs sortes ; la
véritablement primitive n'est pas encore parfaitement connue ; les autres terres diffèrent entr'elles, suivant les principes, dont elles sont
pénétrées. Cette division n'est faite
que par approximation ; car l'usage des dons de la nature, les in-

jures de l'air, le choc des élémens
& les viciffitudes du Globe ont fi
fort confondu le premier travail de
la nature, qu'il eft impoffible de
trouver actuellement un grain de
fable, qui exiftât fans une addition
de quelque fubftance hétérogène.

Prefque toutes les terres Volcaniques font ftériles, principalement
celles de la première efpèce ; parce que dans cette claffe la vitrification s'eft opérée fur les molécules
les plus propres à la végétation.
Celles de la feconde efpèce ne fouf-
frent qu'une injure paffagère ; car
le tems détruit à la longue la croute vitrée dont la lave les avait recouvertes, & le fol inférieur acquiert
encore par cette deftruction.

Les terres femi-volcaniques font
pour l'ordinaire très-fertiles, fur tout
celles où abondent les alkalis ; il en
faut cependant excepter celles où

l'acide vitriolique est trop commun. La vertu styptique de ce minéral est contraire à toute végétation quelconque, à moins que les plantes n'inclinent à des qualités astringentes, asterfives ; ou bien qu'elles n'aient un panchant décidé pour le fer ou pour le cuivre, comme les Erica, la Theris-aquilea, la Tournefortia ferrata, le Rhododendron ferrugineum &c.

Les terres naturelles n'offrent aucun excès dans leur produits, privées des fucs qui hâtent la germination dans les terres femi-volcaniques, elles préfentent dans la croiffance des plantes, qui naiffent dans leur fein, des progrès moins rapides, une apparence moins impofante, mais pour l'ordinaire une faveur plus naturelle, quoique moins exaltée, & une nourriture plus faine, quoique moins piquante au goût.

Tout le territoire de Catania, ceux de Bronte, Nicolo, enfin la plus grande partie des flancs de l'Etna font Volcaniques; les terres de Mompilieri, Mascalucia, Centorbi, Taormina &c. font semi-volcaniques; toute la vallée de Mazzara, & une bonne partie de celle de Noto est naturelle. Un agriculteur sans être Naturaliste reconnaît aisément cette différence, en parcourrant simplement les campagnes de la Sicile dans le tems de la moisson. Il faut cependant que dans cette analyse il ajoute à la qualité naturelle du terroir, l'influence du climat, l'exposition du sol, & les bénéfices que répartit le voisinage de la mer sur un terrain quelconque.

Tous ces avantages réunis ensemble, ont de tout tems fait considérer la Sicile comme le plus abondant pays de la terre. Long tems avant l'exiſtence de la République Romaine, la Sicile nourriſſait une prodigieuſe quantité d'habitans; la ſeule ville de Syracuſe en comprenait plus de 14. cent mille ames, Agrigente plus de 800. mille & Zancla plus de 400. mille.

Depuis que les Romains eurent réduit cette Ile en province de leur Empire, la Sicile devint le grénier de ſes vainqueurs, & de l'Europe entière; la décadence de cette vaſte monarchie, les guerres civiles, les invaſions étrangères, cent changemens de maîtres; enfin le manque de vigilance néceſſaire ont influées juſques ſur l'agriculture de ce pays, ont découragées les colons, ont fait négliger les travaux de la campagne; & en bien des endroits la terre la plus fertile reſte en friche par défaut de culture.

Ce que je dis ici du labour des terres, peut être également dit des fabriques Siciliennes : beaucoup de celles, qui fleuriſſaient anciennement dans ce pays, ſont entièrement tombées, & d'autres ſe trouvent ſur le panchant de leur chute. Avola & Mellili étaient fameux jadis par les belles plantations de ſucre qui s'y trouvaient, venues de la Grece, les *Canne éboiſie*, ou cannes à ſucre ont ſi bien pris en Sicile, qu'elles ont bientôt éclipſé celles de leur mere-patrie.

Bientôt les peuples commerçans de l'Europe ont tranſplanté cette plante précieuſe aux Indes, & dans les Canaries l'induſtrie a ſupplée aux dons de la nature ; & l'on a vu ces nouvelles colonies abſorber cette branche du commerce de la Sicile. On voit encore dans cette Ile les reſtes des fournaux de raffinage,

& la campagne d'elle-même produit encore quelques cannes à fucre éparfes dans les champs. On pourrait reftituer à ce pays ce premier avantage ; mais il faudrait une main prudente & laborieufe, qui ne fe décourageât pas par le mauvais exemple de fes voifins, & que l'abondance d'une terre naturellement facile à accorder fes bienfaits, n'engourdît pas dans fes travaux.

Par tout où les Volcans n'ont point pénétré, du moins d'une manière bien fenfible à l'apparence, la terre paraît très-apte au labour ; & malgré les viciffitudes extérieures qui ont occafionné quelques modifications, j'ai prefque toujours remarqué la marche fuivante dans les couches qui compofent le fol de cette Ile.

1. Terreau compofé de deftruction animale & végétale fouvent dans l'état charboneux, & dans une trituration imparfaite

Pieds. Pouces. Lign.
3. 6. 0.

	Pieds.	Pouces.	Lign
2. Sable opaque rouſ-ſâtre	2.	4.	2.
3. Marne calcaire .	2.	7.	3.
4. Sable tranſparent .	2.	7.	1.
5. Glaiſe jaunâtre .	1.	6.	2.
6. Marne argileuſe jau-nâtre	2.	1.	0.
7. Sable tranſparent .	à l'infini.		

Dans le voiſinage de la mer les couches ſont tout-à-fait différentes : voici le réſultat de mes analyſes ſur les côtes de Syracuſe.

	Pieds.	Pouces.	Lign
1. Terreau très-meuble, noir & puant compoſé pour la plupart de la deſtruction des algues	0.	5.	2.
2. Sable rouſſâtre mê-lé de terre pourrie	1.	3.	2.
3. Tuf calcaire blan-châtre tendre . .	à l'infini.		

L'eſſais fait à Caſtello-à-mare m'a offert un autre réſultat.

	Pieds.	Pouces.
1. Gravier roulé & de médiocre grandeur	7.	4.

	Pieds.	Pouces.	Lign
2. Grès filiceux mêlé de fable tranfparent	1.	7.	3.
3. Roche pourrie jaunâtre	3.	8.	2.
4. Roche primitive grife dure	à l'infini.		

A Meffine.

	Pieds.	Pouces.	Lign
1. Cailloutage médiocre très-roulé	1.	9.	7.
2. Sable tranfparent	2.	7.	3.
3. Grès filiceux mêlé de fable	1.	4.	3.
4. Sable quartzeux	à l'infini.		

A Girgenti.

	Pieds.	Pouces.	Lign
1. Terreau végétal excellent	3.	4.	7.
2. Sable mêlé de terre pourrie	1.	4.	3.
3. Glaife légère jaunâtre	1.	2.	2.
4. Marne argileufe blanchâtre	2.	4.	6.
5. Sable tranfparent	à l'infini.		

*****

A Bronte.	Pieds.	Pouces.	Lign.
1. Terreau meuble .	0.	3.	2.
2. Couche de lave très-dure . . .	0.	8.	4.
3. Terreau meuble	0.	4.	2.
4. Lave dure, mais poreuſe	0.	6.	0.
5. Sable torrefié noir, rougeâtre . . .	3.	4.	7.
6. Sable tranſparent	à l'infini.		

A Mompiglieri.			
1. Terreau végétal excellent . . .	2.	4.	6.
2. Sable mêlé de terre	1.	8.	5.
3. Sable tranſparent	1.	3.	2.
4. Glaiſe légère	0.	4.	8.
5. Sable tranſparent	à l'infini.		

Au Promontoire de Catane.			
1. Lave dure noire & très-poreuſe . .	0.	10.	9.
2. Terreau meuble	0.	3.	0.
3. Lave dure rouſsâtre & poreuſe . .	0.	8.	7.
4. Terreau meuble .	0.	4.	1.

	Pieds.	Pouces.	Lign.
5. Lave dure rouſsâtre & poreuſe . .	1.	8.	2.
6. Terreau meuble plein de cendres	0.	3.	2.
7. Lave dure, noire, parſémée de petits points blancs, qui ne ſont, que de la cendre cimentée par ſon propre alkali	0.	10.	8.
8. Terreau meuble plein de cendres	0.	3.	1.
9. Lave dure de la nature de la précédente	1.	8.	2.
10. Terreau meuble	0.	4.	3.
11. Lave dure, noire & poreuſe	1.	9.	2.
12. Terreau meuble	0.	3.	0.
13. Lave dure noire & poreuſe	1.	6.	3.
14. Sable torréfié & noir	3.	3.	5.
15. Sable tranſparent à l'infini.			

Dans les Monts Dinamares.

	Pieds.	Pouces.	Lign.
1. Terreau végétal	0.	4.	7.
2. Sable rouſsâtre	1.	2.	2.

3. Roche pourrie rouf-   Pieds. Pouces. Lign.
    sâtre   . . . . .   2.   4.   3.
4. Roche primitive   à l'infini.
        Au Mont S. Julien.
1. Terreau meuble   2.   4.   7.
2. Terre calcaire rem-
    plie de foffiles.   à l'infini.

D'après ces tableaux analytiques on peut fe former aifément une idée générale du terrain de la Sicile communément bon, mais extrêmement varié par les modifications qu'y ont apportées les laves, & les autres émanations volcaniques.

J'ai rapporté ici le premier exemple pris à Palerme, afin qu'il fervît d'echantillon aux Terres Siciliennes ; les autres ne font qu'accidentelles & abfolument locales. J'ai auffi fait mention des couches du promontoire de Catane, pour donner une idée de la fucceffion des

laves , & de la quantité de terreau
végétalo-minéral, qui s'amaſſe pendant l'intervalle de tems, de l'une à
l'autre. Le calcul de cette opération
ſe trouve plus étendu dans mes
Lettres ſur la Sicile, Article *Durée
des laves de l'Etna.*

L'abondance naturelle du terroir,
& l'inſouſſiance du colon font igno-
rer en Sicile ç communément le mêlange des terres ſi néceſſaire à l'amé-
lioration des champs. Les inſtru-
mens même qu'on y emploie aux
travaux de la campagne, répondent
au peu d'induſtrie de ceux qui s'en
ſervent. Peu de ſocs & de charrues,
preſque par tout c'eſt la bêche ſeule qui ouvre le ſein de la terre ,
ou plutôt en gratte la ſurface; mais
c'eſt ſuffiſant dans ce pays, vu que
le grain n'a pas beſoin d'être mis
à l'abri d'une couche épáiſſe, pour
être garanti des rigueurs des gélées;

& qu'en même tems le plus ou le moins de profondeur dans laquelle il fe trouverait, n'ajouterait rien à la bonté des fucs prolificateurs; vû, que le bon terreau a communément paffé trois pieds de Roi de fond.

Les terrains les moins bons de la Sicile, & où l'abondance des fels fouvent trop agiffans, ne fouffre qu'une végétation bien faible, font ceux que la nature a choifi pour y dépofer des richeffes d'un autre genre, & rélatives au luxe de nos jours prodigue des vrais tréfors de la terre. Je parle des jafpes, des agates, des marbres, & de toutes les autres productions de cette nature, fans y comprendre les métaux qui compofent une branche tout-à-fait féparée.

Quand on confidère le peu d'étendue du fol de cette Ile, fa fertilité naturelle, la quantité du terrain qui ſerait abondant, s'il était bien cultivé ; on ne peut jamais s'imaginer qu'il y eût en ce pays autant de ſites abſolument conſacrés aux ſeules ſubſtances pierreuſes ; cependant rien de plus conſtant. Il n'y a pas de pays peut-être dans le Monde entier qui, ſoit pour la quantité des maſſes, ſoit pour la variété, renferme ce que nous offre en ce genre la Sicile d'une manière ſi diverſifiée.

Les marbres ſeuls de ce Royaume paſſent 80. eſpèces différentes, ſans compter les variétés, qui, comme on ſait, dépendent non ſeulement des proportions des parties compoſantes, mais encore de la taille du bloc, la coupe horizontale donnant aux pores du marbre un oeil différent de celui qu'il aurait, ſi la ſection avait été tranſverſale, ou perpendiculaire.

Les jaspes arrivent à 3. espèces, les agates à 121., les albâtres à 16. : ainsi des autres substances.

Cette prodigieuse variété de pierres de toute espèce a fait naître en Sicile un essain de marbriers, mais la plûpart ignorans, & ne sachant ni nommer les pierres qu'ils emploient, ni même les extraire avec une sage économie, des bancs où elles se forment.

Quoique sans guide instruit dans cette recherche, & n'ayant pour moi que ma curiosité, & les connaissances théorétiques, j'ai tâché de suivre cette partie d'histoire naturelle de la Sicile; & voici les résultats de mes observations à cet égard.

Les Marbres se forment par préférence dans les montagnes; les Jaspes dans les rochers, & dans les lits des fleuves, ainsi que les Agates;

les Cristeaux dans les fissures & dans les pointes le plus élevées; les Albâtres dans des fonds calcaires, dans les grottes humides; les Asbestes, les Amyanthes, les Pierres de Corne dans les roches pourries; le Silex dans la marne; les Concrétions dans des fonds topheux , &c.

En outre de ces observations générales, qui sont propres à tous les pays, ainsi qu'à la Sicile, il en est de particulières à cette Ile.

Dans tous les pays, qui fournissent des jaspes, on ne les trouve, que sous une forme roulée, & en morceaux plutôt petits. En Sicile cette substance se rencontre par couches, qu'il est aisé de reconnaître avoir été faites dans l'endroit, où on les trouve ; parcequ'elles suivent dans leur cours toutes les sinuosités du lieu, qui leur sert de gangue. Ces bancs jaspeux sont plus ou moins longs, ne paſſant cependant jamais l'extenſion de ſix pieds de Roi, y compris même la tête & la queue du banc, qui pour l'ordinaire ſont toujours défectueuſes. Ces couches ſont preſque toutes inclinées vers la terre; c'eſt pourquoi leur queue eſt toujours plus groſſe, plus chargée de parties colorées, & moins ſujette aux porofités; parce que la preſſion naturelle des parties compoſantes comprime mieux la maſſe; & dans le moment que le fluide agatiſant (a), ou jaſpifiant s'éva-

____

(a) Plus je réfléchis ſur la nature du principe condenſant les corps même vitrifiables, plus je me crois enhardi à croire que, ce que j'appelle ciment des corps, ou fluide agatiſant ou jaſpifiant, ſuivant la ſubſtance ſur laquelle il agit, n'eſt autre choſe, ſi non un air fixe, dégagé des corps compoſants, d'une ſubſtance quelconque, lequel, en s'évaporant, emporte avec lui les fluides hétérogènes, & les acides ſurabondans; & par cette opération facilite le rapprochement des molécules, les cimente par le gluten, qu'il dépoſe ſur elles, & leur donne cette conſiſtance plus ou moins forte, qui les caractériſe, & dont

pore, après avoir opéré la condenfation des molécules terreftres, leur
propre poids bouche les cavités,
que cette féparation occafionne; ce
qui n'arrive pas dans les jafpes à
couches horizontales.

Je fuis entré trop avant dans
l'analyfe des parties compofantes
des jafpes, & de celles des autres
pierres dans ma Lythologie Sicilienne, pour offrir ici une récapi-

leurs parties compofantes font fufceptibles. On
fera aifément perfuadé de cette vérité, fi l'on confidère les débris d'une fubftance pierreufe quelconque, attaquée, foit par les acides, foit par le
phlogiftique. La défunion des mo'écules ne s'opé-
rant que par l'action de la majeure affinité de
ces deux principes, qui s'emparent de l'air fixe
ou gluten fervant de ciment à ces particules,
foit calcaires, foit vitrifiables; néceffairement les
féparent l'une de l'autre dans un état aride, &
fingulièrement atténué. Ce que les acides opèrent
fur les terres calcaires, l'excés du phlogiftique
l'effectue également, étant préfenté à un corps
de nature vitrifiable éloigné de tout flux, & expofé à toute l'ardeur d'une flamme dévorante.
J'oferai même croire que les flux ne provoquent
les corps vitrifiables à la vitrification, que par
l'excès d'air fixe qu'ils contiennent.

tulation inutile de ces détails; ainsi c'eſt à ce traité que je renverrai le Lecteur ſur cet article, me contentant de ſatisfaire, dans le corps de cet Ouvrage, aux omiſſions que j'ai faites dans cette partie de mes obſervations. Voyez Article *Jaſpes, Agates, Criſteaux, Marbres, Albâtres,* &c.

La grandeur des maſſes de ces jaſpes a obligé les marbriers Siciliens à procéder à leur excavation, de la même manière, dont ils agiſſent à l'égard des marbres; mais la dureté des corps qu'ils ſont contraints de tailler, pour détacher ces blocs, étant bien différente de celle des marbres, il ſe laſſent, pour l'ordinaire, dans leur travail; & dirigeant leurs ciſeaux ſans aucune méthode, ils gâtent les plus beaux morceaux; encore ſont-ce les plus habiles qui emploient le fer à cette opération, la plus grande partie ſe contente de miner les bancs, que la poudre fait fauter en l'air , & bien fouvent réjette en éclats dans la vallée. D'autres fois par avarice ils préféreront de tailler un bloc tranf-verfalement, pour gagner fur l'éten-due ; & par là il augmentent les porofités naturelles aux jafpes de la Sicile , en coupant chaque fiffure en biais. Il eft vrai, qu'ils ont le ta-lent de boucher affez artiftement ces crevaffes avec un ciment (*b*) de leur compofition; mais c'eft un bien faible dédommagement aux yeux

___

(*F*) Pour faire ce ciment on préfente des mor-ceaux de gomme adragante à l'action de plufieurs charbons ardens ; la chaleur fond la partie la plus délicate de cette réfine, & la fait fortir en groffes gouttes, en forme de larmes, du fond des mor-ceaux échauffés. On la fait refroidir dans cet état; après quoi on l'écrafe fous la lame d'un couteau un peu large ; & fous la figure d'une feuille très-mince, on la fait fécher. Après cette opération préliminaire, on mêle cette gomme avec du rouge brun , ou bien de l'orpiment, ou telle autre cou-leur, qu'on veut employer fuivant le béfoin , pourvu que les couleurs dont on fe fert , foient de la qualité de celles qui fervent à la peinture , à l'huile. On mêle à ces deux fubftances avec un peu d'huile de noix cuitte d'un amateur vraiment connaiſſeur.

Le même eſprit de parſimonie nuiſible dans les cas précédens a fait naître ici une manière de profiter des plus petits morceaux de pierre quelconque. Je parle de l'*impelliciatura*, ou art de former une ſurface plane ou ondoyante, de mille morceaux de rapport, leſquels, artiſtement réunis & cimentés préſentent un tout aſſez ſéduiſant. Le nom d'*impelliciatura* vient du verbe *impelliciare*, qui veut dire couvrir; car en effet ce n'eſt qu'un recouvrement, ou enduit d'une écorce légère de pierre précieuſe quelconque, ſur une table, ou autre meuble de pierre ordinaire.

Quoique cette pratique aie eu ſon origine en Sicile, on l'exécute

on fait légèrement cuire le tout, après quoi, avec un fer fait en forme de pallette, on remplit de cette compoſition la crevaſſe ; on laiſſe ſécher le ciment 24. heures, enſuite on le polit avec du tripoli , & il prend un très-beau luſtre.

cependant mieux à Naples, & furtout à Rome, où l'art dans cette partie eft parvenu à un dégré fublime.

Cet art eft furtout d'une grande reffource dans les molécules qui demandent une certaine étendue comme des pilaftres, des colonnes, des manteaux de cheminées, des tables de 7. à 8. pieds de longueur &c.

Pour les marbres & pour les albâtres, les Siciliens ont les mêmes ufines, qu'on employe dans les autres carrières.

Rélativement aux minéraux, & aux métaux de ce pays, on trouvera dans les articles féparément confacrés à chaque fubftance tout ce qui peut les concerner ; c'eft pourquoi il ferait inutile d'entrer ici dans aucun détail à leur fujet.

Je concluerai par cette obfervation, qu'en général la Sicile eft riche en variétés, & pauvre en quantité, quoique par des prestiges illusoires elle promette dans ses mines & dans ses carrières les plus grandes richesses; mais pour l'ordinaire ce n'est qu'une apparence trompeuse qui dans la réalité a très-peu de fond. Rien, à mon avis, ne prouve plus que cela l'origine première de ces substances. Si la nature les eût faites à la suite de la marche graduée de ces principes, l'ouvrage eût répondu à la grandeur de la main qui l'eût fait. Mais comme toutes ces pierres ne doivent l'être qu'à l'union imprévue de différens principes qui se trouvent eux-mêmes éparpillés, & hors de leur centre, il ne peut naître que de la confusion d'une réunion semblable; & les corps qui en proviennent dans leur tout, se ressentent de ce désordre primordial.

MINÉRALOGIE

MINÉRALOGIE
SICILIENNE
DOCIMASTIQUE ET MÉTALLURGIQUE

CHAPITRE I.

———

CLASSE I.

DE LA TERRE EN GÉNÉRAL, ET PARTICULIÈREMENT DE CELLE DE SICILE.

Tous les Auteurs célebres s'accordent avec la commune croyance que la face du Globe a été changée. Tous conviennent de l'effet ; mais chacun d'eux lui aſſigne une cauſe différente : le déluge univerſel, des averſes d'eau particulières, des tremblemens de terre, des vents violens, la rotation d'une comète trop voiſine de la terre, la nutation de l'axe ; enfin le ſé-

A

jour des eaux de la mer fur la furface du Globe, joints aux loix de la fermentation, & de la putréfaction des corps; font les agens principaux de ces changemens. Le flambeau de l'évidence n'a pas encore éclairé cette grande caufe de la nature. Laiffons juger ce procès aux fiècles poftérieurs; peut être qu'enrichis à l'aide de l'expérience, & des lumières qui nous manquent, & qui font indifpenfablement néceffaires à une décifion impartiale, ces tems offriront à nos neveux des connaiffances plus fûres qu' à nous, de l'univerfalité de ces révolutions de toute la maffe du Globe. Revenons à des obfervations particulières plus à la portée de la faibleffe de notre être.

La Sicile, comme portion affez confidérable du Globe, a été foumife, fi ce n'eft à toutes fes viciffitudes, du moins à une partie de celles qui ont altéré la conftitution primitive des deux Hémifphères; foit qu'elle ait été de tout tems Ile, foit qu'anciennement attenante à l'Italie, elle en ait été détachée par la violence de ces mêmes vents qui ont féparé les Iles de l'Archipel du Continent de l'Afie, l'Angleterre de la France, & qui ont formé, à l'aide des courans de la mer, les Peninfules de l'Italie, & celle du Danemarck, le Golphe Baltique, & le détroit de Gibraltar &c. En outre de toutes ces mutations générales, la Sicile en a eu d'individuelles, uniquement relatives à elle. Je parle des révolutions opérées par l'action violente des Volcans dans leur furie ; par l'opération lente, mais singulièrement agissante, de la décomposition des corps Volcaniques, par la voie humide, & par le mélange de ces particules émanantes, avec les molécules terrestres, soit naturelles, soit animales, ou végétales. C'est la révolution la plus intéressante dans le changement du terrain de la Sicile ; & c'est sous ce point de vue que je l'ai présentée dans mon discours préliminaire, mis à la tête de ma Lythologie.

Il n'est point étonnant, qu'ainsi fournie de sels, la Sicile soit riche en toutes sortes de minéraux, & que son sol soit aussi fertile. Les sels sont les agens de tous les corps de la nature ; réunis, ils composent mille produits neutres ; séparés & étendus par l'eau dans les molécules terrestres, ils les nourrissent de sucs salutaires & agissans; ils facilitent la germination des semences, & hâtent les progrès de la végétation. De tout tems la Sicile a été le grénier de l'Europe : ses produits actuels passent encore l'imagination ; & quiconque aura été dans cette Ile, & aura un peu analyfé fon fol, & examiné fes produits, ne pourra qu'en dire des merveilles. J'ai vu, aux environs de Syracufe, dans un champ en friche, au milieu des ronces & des genèts, des épis de bled, de l'avoine, du millet, du double de la groffeur de ce que nous voyons dans nos climats. Eh que ne verrait-on pas dans ce pays fortuné ! fi des agriculteurs moins nonchalans & plus inftruits, par un travail laborieux, & par une économie prudente, favaient folliciter les bienfaits de cette terre fi libérale par elle-même ? Mais l'abondance aveugle le laboureur fur fes avantages futurs, une jouiffance, quoique imparfaite, mais aifée, lui fuffit. Plus des deux tiers de la Sicile font en friche, & au regret de tout vrai agronome. Les laves & les chardons occupent une bonne partie de ces belles contrées.

Les recoltes abondantes font affez communes dans les Vallées de Mazara & de Noto ; parceque les laves y font plus anciennes que dans la Vallée de Demini ; & par conféquent leur deftruction concourt à fertilifer ce fol, qu'elles rendaient aride dans les premiers fiècles de leur exiftence. J'ai rendu raifon de ce phénomène dans mes lettres fur la Sicile ; ainfi j'y renvoye mes Lecteurs. Dans le difcours préliminaire qui fe trouve à la tête de ma Lythologie Sicilienne , j'ai avancé que plus des deux tiers & demi de cette Ile étaient ou laves, ou émanation de laves voifines: je fuis ici la même opinion, refervant à mettre cette vérité dans un jour plus lumineux, dans ma Théorie des Volcans, ouvrage uniquement deftiné à cette branche de l'Hiftoire de la nature. Cette abondance de laves, & de productions Volcaniques, en changeant la face naturelle de la Sicile, fait différer ce pays de tout autre qui, même dans la première formation de fon fol, aurait reçu un terrein des plus fertiles. La nature de cet ouvrage ne fouffre aucun détail botanique, fans quoi je pourrais aifément faire connaître à mes Lecteurs la diverfité des terres en Sicile par l'innombrable quantité de plantes différentes que produit ce Royaume, & qui pour l'ordinaire craiffent féparément dans les terres qui leur font propres. Au défaut de ce moyen j'employerai ceux que me fourniffent la chymie , & l'analyfe du fol même . Et divifant mes obfervations en treize Claffes différentes, je mettrai

A 3

fous les yeux de mes Lecteurs toutes les terres de la Sicile, fous les noms de terres vitrifiables, de terres argileufes, de terres arénaires, de terres marneufes, de terres calcaires, de terres réfractaires, de terres animales & végétales, de terres métalliques, de terres pourries, de terres falines, de terres bitumineufes, de terres labourables, de terres incultes, & de terres arides.

CLASSE II.

DES TERRES VITRIFIABLES. [TERRÆ VITRIFICABILES.]

BEaucoup de Chymiftes refpectables fe font accordés à regarder la terre vitrifiable comme la terre élémentaire de la nature. Confidérée comme telle, elle devait être pure, pefante, & infufible. L'ufage ordinaire a changé cette dénomination : on appelle communément terre vitrifiable celle qui ne fait point effervefcence avec les acides, qui n'eft point le produit d'une agrégation de molécules terreftres réunies par l'aide d'un feu Volcanique, & qui n'eft pas de la claffe des terres féléniteufes, quand même elle ferait colorée, qu'elle ferait affez légère, & affez fufible même pour pouvoir former un verre parfait. Pour me mettre à la portée du plus grand nombre, je fuivrai cette dernière claffification ; parceque je la regarde comme la plus utile, quoique la moins favante. Les terres vitrifiables fe divifent en deux claffes pour l'ordinaire, en terres argileufes, & en terres arénaires.

SECTION I.

Des Terres argileufes.

Les vraies terres argileufes [*terræ argillofæ*] font celles qui ont les qualités fuivantes : 1. De n'être fufceptibles de fufion que dans leur mèlange avec parties égales de terre calcaire. 2. De fe délayer dans l'eau. 3. D'être ductiles. 4. De fe deffécher peu-à-peu dans le feu. 5. De fe durcir enfin au milieu d'un feu violent & de longue durée, au point de produire des étincelles dans leur frottement contre l'acier. De cette qualité, du plus au moins, font les fuivantes :

1. *Terre argileufe rougeâtre de Taormina, affez fine.*
2. *Terre argileufe grife de Taormina, médiocrement fine.*

3. *Terre argileuse blanche de Messine, médiocrement fine.*

4. *Terre argil. blanche du fleuve de Niso, fine & grasse.*

5. *Terre argil. grise de Niso, médiocrement fine.*

6. *Terre argil. jaunâtre de Niso, médiocrement fine.*

7. *Terre argil. noirâtre de Jaci-Réale grossière.*

8. *Terre argil. blanche de Catania, fine & séche.*

9. *Terre argil. grise du fleuve Simète, grossière.*

10. *Terre argil. blanchâtre de Syracuse, médiocrement fine.*

11. *Terre argil. grise de Noto, grossière.*

12. *Terre argil. grise de Raguse, fine & grasse.*

13. *Terre argil. blanchâtre de Butéra, fine & grasse.*

14. *Terre argil. grise de Palma, grossière.*

15. *Terre argil. blanchâtre de Licata, grossière.*

16. *Terre argil. grise du fleuve Durillo, grossière.*

17. *Terre argil. brune des montagnes de Girgenti, grossière.*

18. *Terre argil. grise de San Giuliano, grossière.*

19. *Terre argileuse blanchâtre de Castro-Gioanni, grossière.*

20. *Terre argil. brune de Pati, fine & grasse.*

21. *Terre argil. brune de Castello-à-mare, grossière.*

22. *Terre argil. blanchâtre de Salemi, médiocre.*

23 *Terre argil. rougeâtre de Palerme, excellente.*

24. *Terre argil. jaunâtre de Millazzo, fine & grasse.*

25. *Terre argil. rougeâtre de Vilasmunda, près d'Auguste, fine & grasse.*

26. *Terre argil. blanchâtre de Racuia, excellente.*

27. *Terre argil. rougeâtre de Lipari, fine & grasse.*

28. *Terre argil. grise de Lipari, fine & grasse.*

29. *Terre argil. brune de Panarea, grossière.*

30. *Terre argil. blanche d'Alicuri, grossière.*

31. *Terre argil. blanchâtre Delle Saline, grossière.*

32. *Terre argil. brune de Strongoli, grossière.*

33. *Terre argil. blanchâtre de Gozzo, grossière.*

Parmi ces terres argileuſes, les plus connues en Sicile ſont celles de Pati, de Mi-
lazzo, de Salemi & de Palerme, ſurtout
la dernière, dont on fait des vaſes à l'imi-
tation de ceux de Bucaros, cependant un
peu plus peſant : quant à la couleur c'eſt
la même.

La ténacité naturelle de ces terres & le
peu d'induſtrie qu'ont les Agronomes de
ce pays pour diminuer l'adhérence de ces
parties glutineuſes, les rendent nuiſibles à
la fertilité, dans le tems que l'interpoſition
d'un peu de ſable ou de quelque autre
corps diviſant ces molécules trop liantes,
eût pu procurer à ces terres les propriétés
les plus favorables à la végétation.

Je n'ai parlé dans ce moment-ci que des
terres argileuſes qui ſe voient à la ſurface
du ſol; car communément elles ne ſe trouvent qu'à la profondeur de quelques pieds ſous
terre : leur voiſinage cependant eſt toujours
contraire aux ſemences; parcequ'en inter-
rompant le paſſage des eaux, elles ſe cor-
rompent, & font pourrir le grain confié
aux glèbes. Mais ce danger eſt moins à
redouter en Sicile ; car la chaleur exceſſive
de ces climats délivre aiſément les terres
de la ſurabondance du fluide qui pourrait
les détremper.

En examinant la mauvaise qualité des briques qu'on emploit généralement dans cette Ile, plusieurs voyageurs ont débité que les terres de la Sicile étaient peu propres à cette espèce de demi-vitrification, à cause de l'inégalité de leurs parties constituantes, suivant eux plus calcaires que vitrifiables. Cette observation est visiblement fausse ; l'oeil seul suffit pour reconnaître l'injustice de cette accusation.

Que l'on considère les monumens qu'ont laissés les premiers habitans de cette Ile ; n'ont-ils pas bravé la faux du tems, & les injures de l'air ? Le défaut des briques modernes ne consiste point dans la terre elle-même ; il provient de plusieurs causes absolument relatives à la mauvaise manutention des ouvriers de nos jours.

1. On dépure mal l'argile des parties hétérogènes qui s'y trouvent.

2. En lui accordant trop peu de repos, on ne donne pas le tems à son gluten naturel de prendre la consistance qui lui est propre, & qu'il n'acquiert qu'à l'aide du tems.

3. On n'a pas l'art de cuire les briques dans une juste proportion ; ou on les brûle trop, ou pas assez. L'on sait que par ces deux extrêmes on met cette pierre ar-

tificielle dans le cas, ou d'être trop ten-
dre ou trop defféchée, & par conféquent
impénétrable au ciment; & ne pouvant
point, par défaut de propriété abforbante,
former avec lui un feul tout, qui feul
conftitue la folidité des murs : manutention
qu'ont poffédé nos ancêtres en perfection,
& qui de nos jours eft trop négligée; auffi
en reffentons nous les mauvais effets par le
peu de durée de tous nos édifices modernes. Malheureufement ce défaut eft dévenu
univerfel.

Quoique les argiles de Pati, de Milaz-
zo, de Salemi & de Palerme foient de
la qualité de celles que défigne Wallerius
fous les noms de *argilla teftacea, feu
argilla vitrefcens teffulata.* Cependant la
plus grande partie des argiles de la Sicile
eft de la nature de l'efpèce 21. de Wallerius : *argilla pinguis in bracteas dehifcens,
& in ære deliquefcens*; excepté celle de
Panarea qui eft de la qualité de *l'argilla
in ære lapidefcens.*

A la fuite des terres argileufes, viennent
les bols [*bolus*] qui font de même nature, & qui ne diffèrent des premières
que par une furabondance de fucs huileux. La Sicile n'eft pas trop riche en ce
genre de fubftance; on y remarque cependant les bols fuivans.

1. *Bol gris du fleuve Durillo, médiocrement gras.*
2. *Bol blanchâtre de Lipari, médiocrement gras.*
3. *Bol blanchâtre de Catania, très-gras.*
4. *Bol rougeâtre de Palagonia, le plus gras de tous.*
5. *Bol jaunâtre de Centorbi, gras & très-alkalin.*
6. *Bol blanc de Malthe, médiocrement gras.*

Parmis ces bols différens, les plus remarquables ſont ceux de Centorbi & de Malthe. Le premier, outre toutes les propriétés des terres argileuſes, a encore une très-grande abondance de ſucs huileux & alkalins, qui lui donnent une qualité ſavonneuſe, tout-à-fait ſingulière. Voyez à ce ſujet ma Lythologie page 32. Il paraît que Wallerius n'a pas connu ce bol, à moins qu'il ne l'ait confondu avec l'*argilla vitreſcens.*

Le bol de Malthe eſt cette terre antifébrile qu'on recueille dans la grotte de S. Paul, & que Mr. Brydonne donne pour de l'eau pétrifiée. C'eſt l'*argilla parum cohærens exſiccata farinacea, argilla ſoluta.* Wal. Eſp. 24.; ſes vertus ſont des préjugés populaires.

Les bols de Lipari & du fleuve Durillo ne font, pour ainfi dire, qu'une terre à foulon, un peu plus graffe que ne le font pour l'ordinaire les terres de cette nature.

Le bol de Catania eft un bol rougeâtre ferrugineux, qu'on réduit en petits pains marqués d'un éléphant armé, emblême de cette Ville, & auquel on attribue les plus grandes propriétés, fur lesquels les médecins de nos jours commencent à être détrompés.

SECTION II.

Des terres arénaires.

L'abondance des terres arénaires [*terræ arenariæ*] en Sicile eft inconcevable, fur tout quand on penfe à l'extrême fertilité de ce pays; on en voit prefque de tous les côtés : j'en citerai ici les principales.

1. *Terre arénaire de Meffine, gros fable.*
2. *Terre arénaire de Taormina, fable médiocre.*
3. *Terre arénaire de Catania, fable médiocre.*
4. *Terre arénaire de Syracufe, fable peu fin.*

5. *Terre arénaire de Pietra-perzia, gros sable graveleux.*

6. *Terre arénaire de S. Martin, sable médiocre.*

7. *Terre arénaire de Mont-Réal, sable médiocre.*

8. *Terre arénaire de San Giuliano, sable fin.*

9. *Terre arénaire de Castello-à-mare, sable très-fin.*

10. *Terre arénaire d'Alcamo, sable médiocre.*

11. *Terre arénaire de Trapani, sable grossier.*

12. *Terre arénaire de Licata, sable médiocre.*

13. *Terre arénaire de Noto, sable très-fin.*

Ces fables font de diverses couleurs; les plus communs font en bancs jaunâtres : il en est cependant de rougeâtres comme celui de Noto.

La Sicile a peu de terres arénaires qui paraissent totalement fabloneuses à l'apparence : pour l'ordinaire les couches de fable ne se trouvent que fous une couche première de terreau végétal, plus ou moins épaisse ; bien souvent ce terreau est à moitié fable.

Généralement la Sicile n'a que deux fortes de fables, l'un roussâtre & opaque, l'autre jaunâtre & transparent. Il y en a cependant de quarzeux, de filliceux, de coloriés, foit par l'infiltration d'une vapeur métallique, foit par la torréfaction opérée par le contact immédiat des laves.

Les lits des terres arénaires en Sicile, font toujours horizonteaux, & à 5. à 6. pieds ; on eft fûr de les rencontrer dans toutes les terres de ce pays, à moins que des couches de laves épaiffes par elles-mêmes, & plufieurs fois répétées, n'aient, de concert avec le terreau provenu de leur destruction, exhauffé le niveau naturel du fol.

Ces fables font pour l'ordinaire de l'efpèce décrite par Wallerius : *glarea argillofa craffior.*

CLASSE III.

DES TERRES GRAVELEUSES.

LEs terres graveleuses [*arena particulis grossioribus inæquabilibus* Wall.] sont la matière première des grès. La Sicile est pauvre en cette sorte de substance ; on en voit cependant en plusieurs endroits : les lieux qui en fournissent le plus, sont Carlentini, Sainte Cathérine, Termini, Capo d'Orlando, la piana dei Greci, Gian-Cavallo, San Giuliano, San Stefano di Bivona, Baida, Castro-Giovanni, Paterno, & Messine. Elles sont toutes de l'espèce 37. *sabulum particulis spathosis*, ou bien de celle connue sous le nom d'*arena horaria*.

CLASSE IV.

DES TERRES MARNEUSES.

LEs terres marneuses [*terræ margacæ*] provénant de l'union d'une terre argileuse avec une terre calcaire, se trouvent toujours dans les endroits où ces deux subſtances ſont voiſines. Celles de Sicile ſont excellentes, quoique les marnes bien riches en argile y ſoient rares. Cette richeſſe eût été inutile en Sicile vu qu'excepté les *pan-tani*, ou marais de Lentini, cette Ile a très-peu de lieux humides. Les principales terres marneuſes de la Sicile ſont :

1. *Terre marneuſe du fleuve de Niſo, très-fine.*
2. *Terre marneuſe de Meſſine, médiocrement fine.*
3. *Terre marneuſe de Catania, médiocrement fine.*
4. *Terre marneuſe de Syracuſe, très-calcaire.*
5. *Terre marneuſe de Butéra, très-argileuſe.*
6. *Terre marneuſe de Licata, médiocrement fine.*
7. *Terre marneuſe de Caſtro-Giovanni, médiocrement argileuſe.*
8. *Terre marneuſe de Salemi, peu argileuſe.*
9. *Terre marneuſe de Racuia, extrêmement argileuſe.*

Malgré l'abondance de ces terres marneuſes on les employe peu en Sicile, la

fertilité naturelle de terroir rend l'agriculteur négligent, & la nature l'appauvrit en
lui accordant trop facilement ſes richeſſes.
Ces marnes ſont de la nature de la *gliſcho
marga* de Pline, ou bien de la *marga in
ære deliqueſcens* de Wal.

CLASSE V.

DES TERRES CALCAIRES.

LE caractère diſtinctif des terres calcaires
[*terræ calcaræ*] eſt de faire efferveſcence
au contact des acides. Cette qualité ſeule
ne ſuffit pas pour différencier ies diverſes
eſpèces de terres calcaires. Nous les analy-
ſerons ſéparément.

SECTION I.

De la Craie.

La craie [*creta*] eſt une terre ſans ſa-
veur, friable ſous les doigts, abſorbante &
apyre ; ſe gonflant dans l'eau, & faiſant efferveſcence avec tous les acides. Il y a
pluſieurs ſortes de craie de tranſport, c'eſt-
à-dire de cette eſpèce de craie qu'on trouve
par tas au ſein de quelques productions

souvent étrangères à ſes principes : mais la véritable craie n'eſt qu'une : voici les lieux où j'en ai vu en Sicile.

1. *Craie de Centorbi, groſſière.*
2. *Craie de Girgenti, douce & friable.*
3. *Craie de Salémi, friable.*
4. *Craie de Palma, douce & friable.*

Il y a encore pluſieurs autres endroits qui fourniſſent de la craie en Sicile ; mais ceux-ci ſont les principaux. La craie de Palma n'eſt pas une véritable craie ; quoiqu'on lui donne cette qualification. Ce n'eſt que la décompoſition des pierres talqueuſes qui ont été comminuées à ce point de friabilité ; auſſi cette craie eſt elle abſolument réfractaire. C'eſt la *creta ſartoria* de Wall. Les autres craies ſont de la nature de la *creta fragilior groſſior, & rudis alba,* & de la *creta rara mollis* de Kentman.

SECTION II.

Des agarics minéraux.

L'agaric minéral [*agaricus mineralis* Offic.] autrement dit *guhrs de craie,* ou farine *foſſile,* eſt une terre friable, douce, blanche, provénante de la décompofition des oftiocoles, & des ftalactites. On la trouve pour l'ordinaire dans les fentes des rochers, quand la pierre en eft calcaire. Prefque toutes les grottes de la Sicile, qui n'ont pas été faites par les Volcans, en font remplies. C'eft le *lac lunæ* d'Agricola, ou le *fungus petreus* d'Imperati.

SECTION III.

Des guhrs de craie.

Les guhrs de craie [*creta fluida* Wall.] font de la même nature que la craie, & que les agarics minéraux ; mais ils en diffèrent par la diverfité du grain, qui eft toujours plus groffier. Il femblerait, en les voyant, que c'eft de la craie non mûre, qui eft plutôt formée de la deftruction des corps animaux, que de la décompo- fition des filex, & des pierres à fufils : ils fe manifeftent toujours, ou dans un état d'é- florefcence très-atténuée dans fes parties, ou dans une croute marneufe calcaire. Je de- vrais à toute rigueur faire une fection fé- parée pour la marne calcaire ; mais je la confonds avec les guhrs folides. On en trou- ve prefque dans tous les lieux, où les Vol- cans n'ont pas altéré la face du fol par leur violence ; c'eft la *marga fluida* de Wal.

CLASSE VI.

DES TERRES RÉFRACTAIRES.

LA terre réfractaire [*terra refractaria*] est l'état médiaire entre la terre vitrifiable, & la terre calcaire, ou plutôt c'est une terre née de l'union de ces deux principes. Si l'on voulait faire l'énumération de tous les produits mixtes qui en proviennent, à l'aide du plus ou du moins de surabondance des deux terres unies par quelque principe tiers, il faudrait destiner un volume entier à cette seule analyse. La nature de cet ouvrage ne permet pas ces détails d'ailleurs inutiles ; ainsi je ne ferai mention ici que des seules substances principales.

SECTION I.

Des terres gypseuses.

La terre gypseuse [*terra gypsosa*] tantôt est la terre mère du gyps, & tantôt elle-même naît de la décomposition de cette substance ; elle ne se manifeste que là où se trouve le gyps : voici les principales terres de cette nature.

1. *Terre gypseuse de Racuia, grossière.*
2. *Terre gypseuse de Mazzara, assez fine.*
3. *Terre gypseuse de Cacamo, médio-crement fine.*
4. *Terre gypseuse de Girgenti, très-fine.*
5. *Terre gypseuse de Mezzoiuso, grossière.*
6. *Terre gypseuse de Piazza, assez fine.*
7. *Terre gypseuse de Gibiso, grossière.*
8. *Terre gypseuse de Santa Maria del Bosco, assez fine.*
9. *Terre gypseuse de Palma, très-fine.*
10. *Terre gypseuse de Giancavallo, assez fine.*
11. *Terre gypseuse d'Alcamo, grossière.*

La terre gypseuse de Palma est la meilleure, celle de Mezzoiuso est remplie de particules de Silex comminuées, & triturées naturellement en petits éclats; & celle de Racuia est trop argileuse. Tous ces gyps sont à peu près de l'espèce 48. de Wal.: *gypsum particulis parallelepipedeis.*

SECTION II.

Des terres séléniteuses.

Les terres séléniteuses [*terræ selenitosæ*] proviennent de l'union de l'acide vitriolique avec une dissolution de la pierre calcaire, opérée par ce même acide. Tout ce qui se criſtalliſe, forme ſélénite, ainſi que nous aurons occaſion d'en parler ſéparément; le reſte ſe précipite en un état boueux. Comme au contact des acides, cette terre ne produit aucune efferveſcence, & n'a en même tems aucune des qualités des terres argileuſes, nous avons cru devoir placer la terre ſéléniteuſe à la ſuite des terres réfractaires. Il y a de cette terre en Sicile dans tous les lieux où ſe trouve le vitriol, ſurtout à Gampiglieri. Les parties compoſantes de cette terre ſont ce que Wal. appelle : *ſélénites lamellis rhomboidalibus.*

SECTION III.

Des terres de moillon.

La terre de moillon [*terra calcareo-refractaria*] eſt la terre mère de la pierre dite moillon, pour la plupart cette pierre eſt calcaire ; mais il y en a de réfractaires ; & ce ſont les ſeules qu'on connaiſſe en Sicile de cette nature : de cette eſpèce peuvent être conſidérées les ſuivantes.

1. *Terre de moillon de Syracuſe, aſſez fine.*
2. *Terre de moillon du Cap-paſſaro, aſſez fine.*

3. *Terre de moillon d'Alcamo, grossière.*
4. *Terre de moillon de Centorbi, grossière.*
5. *Terre de moillon de Sainte Cathérine, grossière.*

La pierre qui en provient a été nommée par Linneus : *marmor calcareus inæquabilis.*

CLASSE VII.

DES TERRES ANIMALES, ET VÉGÉTALES.

SUivant l'ordre de la nature tout ce qui existe est soumis à la destruction. Les particules qui émanent de cette décomposition diffèrent entr'elles suivant les diverses natures des êtres ; ainsi la dissolution opérée par la putréfaction des corps animaux, produit le *humus animalis*, ou la terre animale ; & la destruction des végétaux par la même voie offre pour résultat la terre végétale.

La craie serait une terre animale si on pouvait la considérer comme naissant entièrement de la décomposition des coquilles

& des madrépores ; mais comme les efflorefcences des filex, & la terre calcaire y
entrent pour beaucoup, je l'ai placée parmi les terres de la nature de cette dernière.

Pour qu'une terre fût véritablement animale, il faudrait récueillir dans un vafe le
refte d'un corps animal quelconque ; car
la deftruction d'un corps inhumé produit
une terre animale mixte, mêlée de plufieurs
autres terres. On en peut dire autant de
la terre végétale ; c'eft pourquoi en analyfant la qualité du terroir de la Sicile, je
donnerai, *ad interim*, le nom de terre
animale & de terre végétale au produit
mêlé de chacune de ces deux terres,
avec furabondance cependant de la terre
dénominante. Les principales terres animales de la Sicile font.

1. *Terre animale blanchâtre de Palerme,*
  très-fine.
2. *Terre animale brune de S. Martin,*
  groffière.
3. *Terre animale brune de Mont-Réal,*
  groffière.
4. *Terre animale brune de Termini,*
  groffière.
5. *Terre animale jaunâtre de Caltanif-*
  feta, affez fine.

6. *Terre animale brune de Naro, graſſe & fine.*

7. *Terre animale brune de Girgenti, groſſière.*

8. *Terre animale brune de Caſtelvetrano, groſſière.*

9. *Terre animale blanchâtre de Trapani, aſſez fine.*

10. *Terre animale brune de San Giuliano, groſſière.*

11. *Terre animale blanchâtre de Caſtello-à-mare, aſſez fine.*

On peut compter encore dans la même claſſe les terres de Centorbi, de Salemi, de Polizzi, d'Alcamo, de Sainte Cathérine, de Noto, de Meſſine &c.

Il eſt bon d'obſerver que les terres animales ſont de pluſieurs natures : celle qui provient uniquement de la décompoſition des coquilles, eſt tout-à-fait calcaire, ſurabondante d'air fixe, & pour l'ordinaire ſe préſente ſous une apparence blanchâtre, & eſt un peu aride au toucher : c'eſt la *creta animalis*. La terre au contraire provenante de la déſunion des autres corps animaux, eſt noire, jaunâtre, groſſière à l'œil, mais friable, douce au tact, même graſſe & huileuſe quelque fois, ſuivant la nature des substances qui ont concourues à sa formation. C'est le vrai *humus animalis*, si favorable aux plantes à cause de la quantité de sels agissans qu'il récèle.

Les terres végétales sont encore plus abondantes que les terres animales, pourvu qu'on excepte celles de cette dernière espèce, qui se trouvent le long des côtes, car la destruction des poissons & celle des coquilles en couvrent les plages de la Sicile. En outre des terres végétales ordinaires qu'on apperçoit communément à Girgenti, à Schiacca, à Mazzara, à Racuia, à Palagonia, à Alcamo &c. il faut distinguer particulièrement les suivantes, dont je ferai autant de sections séparées.

SECTION I.

De la terre végétale-marine.

Toutes les côtes de la Sicile, mais principalement la méridionale, l'occidentale & la septentrionale, sont couvertes d'algues, de joncs marins, de fucus, de lytophites, & d'autres plantes marines, que cet élément rejette de son sein, & que dans un moment de tempête ses ondes déposent sur la plage. A l'aide du tems, ces plantes diverses fermentent, se décomposent, &

forment enfin un terreau mêlangé, une terre végétale-marine. *Humus marino-vegetalis.*

SECTION II.

De la terre végétale récouvrant les laves.

Dans les chambrures que forme le souffle deftructeur du Schyroc fur la furface des laves les plus dures, font dépofées mille & mille femences de Lychens (a), & de plufieurs autres plantes parafites, dont la deftruction forme cette terre végétale, que je regarderais comme très-pure, s'il ne s'y mêlait prefque toujours quelque peu de la deftruction de la lave même ; ce qui produit un mixte végétal - Volcanique. Toutes les laves anciennes de l'Etna en font couvertes ; j'appellerai cette terre : *humus Volcanico-vegetalis.*

SECTION III.

De la terre végétale bitumineufe.

Les plus célèbres Chymiftes ont reconnu qu'il n'y avait dans la bonne tourbe

____

(a) *Voyez mes Lettres fur la Sicile, article* Laves de l'Etna.

aucun bitume étranger ; c'eſt ce qui a fait dire à Mr. Guétard que la meilleure tourbe était le produit des plantes marines, & la plus mauvaiſe, celui des plantes terreſtres. J'adopterai volontiers ce ſentiment d'après ce que j'ai vu en Sicile. La tourbe de cette Ile eſt mauvaiſe, répand une odeur fétide, & produit peu de chaleur; en l'examinant j'ai trouvé qu'elle n'était que le réſultat de la décompoſition & de la putréfaction de quelques graminées, des cypéroides, des orchis, des joncs terreſtres; à cette terre eſt dû le nom de *Humus bituminoſo-vegetalis*, à moins qu'on n'aimât mieux l'appeller avec Wal. : *Humus vegetabilis paluſtris*. La ſeule tourbe qu'on trouve en Sicile eſt celle des environs de l'Etna, du côté de Caſtro-Gioanni.

CLASSE VIII.

DES TERRES MÉTALLIQUES.

CHaque métal a une terre primitive & des terres émanantes de sa décomposition ; la première est une terre *sui generis* que la chymie n'a pas pu encore obtenir pure, & que personne ne connaît ; les secondes sont des chaux métalliques, pouvant être révivifiées par l'addition du phlogistique dont elles auront été dépouillées par quelque affinité majeure. Il est inutile de parler de la première ; c'est aux secondes seules qui je bornerai mes analyses. En outre des métaux qui forment chacun une terre différente, avec beaucoup de modifications provenans de l'union d'une substance tierce quelconque ; en outre dis-je de ces terres, il en est beaucoup qui ont seulement l'apparence métallique , sans manifester pourtant aucun métal quand elles sont soumises aux réactifs chymiques. Nous diviserons par conséquent cette Classe en deux Sections, l'une destinée aux terres véritablement métalliques, l'autre aux terres métalliques en apparence.

SECTION I.

DES TERRES VÉRITABLEMENT MÉTALLIQUES.

Terre d'or, Terra auri.

L'or n'ayant point de minéralisateur, n'a pas non plus de terre émanante ou de chaux, malgré qu'on a cru en trouver en Hesse, à Modène, & en Transilvanie. La première est une terre jaunâtre martiale, & pyriteuse ; la seconde, une terre blanchâtre absorbante, & la troisième une simple décomposition de roche pourrie, qu'on a cru devoir être une chaux d'or, puisqu'elle se trouvait avec l'or ; & parceque dans les essais chymiques cette terre ne manifestait point la présence d'aucun métal. On croit communément en Sicile que le Lapis-lazuli est l'indicateur de l'or, & que par conséquent toute terre bleue est la chaux métallique de l'or; mais cette erreur est des plus grossières ; car ainsi que le lapis-lazuli se trouve dans des endroits, où il n'y a pas une paillete d'or; tout de même la terre bleue qu'on trouve dans les fissures des rochers, au lieu d'or ne contient que du cuivre minéralisé, ainsi qu'on le voit communément dans les mines du Ban-
nât

nât de Temesvar, & dans d'autres mines cuivreuses: quoique Mr. Margraff ait voulu démontrer que la partie colorante du lapis-lazuli était toujours due au fer Voy. l'Article *Lapis-lazuli* dans ma Lythologie & dans cet Ouvrage.

Terre d'argent, Terra argenti.

L'argent a plusieurs minéralisateurs, principalement l'acide nitreux, & le mercure: soumis à leur action, ce métal se laisse dépouiller de son phlogistique, & tombe en chaux. Il en est de plusieurs espèces de ces terres métalliques d'argent, la Sicile n'en fournit que de la noire; mais encore est elle considérablement altérée par son mélange avec les terres de plomb & d'antimoine.

Terre de cuivre, Terra cupri.

Le cuivre a plus des minéralisateurs encore que l'argent. Aussi ses chaux métalliques se diversifient beaucoup entre elles, soit dans la forme des grains, soit dans les poids, soit dans la couleur, soit enfin dans les propriétés. Les principales terres cuivreuses de la Sicile sont:

1. *Terre bleuâtre du fleuve de Niso.*

Cette terre est très-fine, & se voit comme figée sur les parois des fissures des blocs de Spath, où se trouve le cuivre ; elle n'est autre chose qu'une ochre cuivreuse très-comminuée par la fermentation du minéralisateur & du cuivre. Cette chaux est le produit de la dissolution de la mine par l'alkali volatil. *Præcipitatum æneo-alkalinum colore cæruleo.*

2. *Terre bleue du fleuve de Niso.*

Terre très-fine produite par le contact de l'acide vitriolique sur la mine du lieu, qui lâche alors, par la raison de l'affinité, une ochre bleue cuivreuse très-belle. *Præcipitatum æneo-vitriolicum colore cæruleo.*

3. *Terre verte d'Ali.*

Terre très-fine provénante de la dissolution de la mine par l'acide marin. En Hongrie, en Saxe & en Boheme cette terre se cristallise, & forme ces belles houppes satinées si recherchées des amateurs ; en Sicile elle reste dans l'état terreux : ce qui me fait croire, que l'acide marin seul ne suffit pas à cette production ; & il doit y avoir quelque autre principe, que je crois tenir du phosphore. J'appellerai cette terre : *præcipitatum æneo-marinum colore viridi.*

4. *Terre verte de Misilmeri.*

A peu près de la même qualité que la précédente, mais moins fine. *Præcipitatum æneo-marinum particulis crassioribus.*

Terre de fer, Terra ferri.

La Sicile n'a point de fer apparent ; cependant on reconnaît dans la génération de ses marbres, & autres pierres, la présence de ce minéral, ainsi que je l'ai observé dans ma Lythologie. Mais je n'ai vu nulle part une vraie terre de fer, une parfaite ochre ferrugineuse, *ochrea matialis.*

Terre d'étain, Terra stanea.

Malgré la prévention de plusieurs minéralogistes Siciliens, je n'ai jamais vu la moindre trace d'étain en Sicile, & par conséquent aucun des émanens de ce métal, excepté la précipitation de la teinture de Cassius, dans les taches rouges du jaspe sanguin de San Giuliano, & les schorls, ou cristaux d'étain généralement répandus dans les laves de la Sicile.

Terre de plomb, Terra plumbi.

Le plomb lâche une terre noirâtre, eſpèce d'ochre de ce métal, mais rarement la trouve-t-on pure ; parceque le plomb eſt toujours mêlé avec d'autres ſubſtances. Les principales terres de plomb de la Sicile ſont :

1. *Terre de plomb de Limina, brune & groſſière.*
Ochrea plumbi obſcura craſſiora.
2. *Terre de plomb de Fondachelli noire & fine.*
Ochrea plumbi atra tenuiora.
3. *Terre de plomb de Novara noire & fine.*
Ochrea plumbi atra tenuiora.

Ces terres ne ſont point des chaux métalliques ; ce ſont plûtot des particules de plomb comminuées, & réunies.

SECTION II.

Des terres métalliques en apparence.

Le ſoufre, l'arſénic, & les terres argileuſes & réfractaires dont la Sicile abonde, rempliſſent ce pays de ces paillettes brillantes appellées *mica*, qu'on apperçoit si communément dans cette Ile. Ces paillettes mêlées avec une terre quelconque, lui donnent une apparence métallique, qui séduit tout ceux, à qui les produits naturels, & sur tout la chymie, ne sont point familiers. Le mica noir *dei Colli* ne trompe personne; parcequ'il est moins brillant; mais le mica blanc & le jaune trouvent des partisans, qui soutiennent encore leur *métallicité*, si j'ose le dire ainsi. Les principales terres métalliques de cette nature en Sicile, sont les suivantes:

1. *Terre micacée de Centorbi, à paillettes blanchâtres.*
   Terra micacea squammosa alba.
2. *Terre micacée de Sainte Cathérine, à paillettes jaunes.*
   Terra micacea squammosa lutea.
3. *Terre micacée dei Colli, noire.*
   Terra micacea squammosa atra.

On pourrait distinguer encore une troisième classe de terres de ce genre, que j'appellerai *terres métallifères*. Elles ne sont point métalliques en apparence, puisqu'elles contiennent effectivement du métal; elles ne sont point métalliques véritablement, puisqu'elles n'émanent point des métaux, comme celles que nous avons décrites ci-deſſus : le nom de *métalliféres* les caractériſe. Ce ſont des terres de différente nature, dont les molécules ſe trouvent mêlangées avec des particules métalliques. Tels ſont les ſables métalliques dont parle Wal. ſous les noms de *arena ferrea, ſtanea &c.*

On trouve de ces terres métalliféres en Sicile près du *fleuve de Niſo*, & à *Fondachelli*.

CLASSE IX.

DES TERRES POURRIES. [TERRÆ PUTREFACTÆ.]

LA deſtruction des pierres produit une terre *ſui generis*, ainſi que la décompoſition des plantes ; & celle des corps animaux donne une *terre végétale*, & une *terre animale*.

Mais il eſt pluſieurs eſpèces des terres pourries, qui différent entr'elles par les mêmes principes qui font différencier également entr'elles les ſubſtances dont elles ſont émanées.

1. *Terre pourrie des rochers primitifs.*
Terra putrefacta saxatilis.

Cette terre pour l'ordinaire est brune, séche, aride, quelquefois glaiseuse, mais rarement grasse.

2. *Terre pourrie des montagnes.*
Terra montium putrefacta.

Cette terre est presque toujours brune, ou d'un jaune foncé, elle est moins meuble, à cause des sucs huileux qui lient ses molécules; & pour peu que l'eau délaye cette terre, elle forme une boue très-grasse.

3. *Terre pourrie des rochers calcaires.*
Terra putrefacta calcareo-saxatilis.

Cette terre est meuble, séche, friable, mais en même tems rude au toucher, & formant tantôt de la craie, tantôt un ghur minéral.

4. *Terre pourrie des schystes.*
Terra putrefacta schystosa.

Cette terre n'est jamais bien fine; pour l'ordinaire on la trouve formant des tas filamenteux, efpèce d'asbefte amolli, & gras au toucher.

C'eft cette terre, ainfi que je l'ai remarqué dans ma Lythologie Sicilienne, qui ayant une fois paffé par l'état charboneux, fe cimente de nouveau, & ayant acquis une ténuité incomparable dans fes parties compofantes par la trituration, à laquelle la putréfaction l'avait foumife, produit la pierre de corne, puis l'asbefte, & enfin l'amyanthe.

5. *Terre pourrie des marbres.*
Terra putrefacta marmorum.

Cette terre reffemble beaucoup à la terre pourrie, provenue des rochers calcaires ; cependant quand les marbres font à ramages, ou à teintes colorées, la terre pourrie qui en provient conferve, même dans cet état de putréfaction, quelque chofe de fes principes colorans.

6. *Terre pourrie métallique.*
Terra putrefacta metallica.

On trouve cette terre dans des carrières de Granite ; ce n'eft que la boue provénante de la pouffière des granites cariés mêlée de beaucoup de mica noir.

CLASSE X.

DES TERRES SALINES. [TERRÆ SALINÆ.]

CEs terres font de la même nature pour l'ordinaire, mais elles prennent diverfes dénominations fuivant les fels, dont elles font imprégnées ; il en eft d'acides, d'alkalines, d'amoniacales, de fulphureufes, & d'arfénicales.

SECTION I.

Des terres acides. [Terræ acidulæ.]

Tous les voifinages de l'Etna font remplis de terres acides vitrioliques, particuliérement Gampilieri, & Petralia, & tous les lieux, où fe trouvent des dépôts d'eau vitriolique. Plufieurs autres terres en Sicile contiennent encore des principes d'autres acides ; mais elles ne les démontrent pas, à moins que l'humidité, ou l'action d'un feu Volcanique n'oblige l'acide à fe manifefter.

SECTION II.

Des terres alkalines. [Terræ alkalinæ.]

Toutes les côtes de la Sicile font couvertes de la plante appellée par Linnée : *falicornia articulis afpice craffioribus*, & vulgairement dite *grande foude*. Les feux, que les bergers allument dans la campagne, brûlent une grande quantité de cette herbe ; & la réduifant en cendres, rapprochent les principes alkalins qu'elle contient, que les vents repandent en fuite de tous côtés. Cette caufe toute légère qu'elle parait, rend alkalines toutes les terres des côtes méridionales de cette Ile où particuliérement cette plante abonde. Après mon départ de Sicile, un accident rendit alkalines prefque toutes les terres, depuis Caftello-à-mare jufqu'à Palerme. Par la négligence des bergers le feu prit à une forêt voifine de la première de ces villes, & comme la chaleur extraordinaire de ce climat, fur-tout au mois de Juillet, époque de l'incendie, avait déféché ces arbres ; tout fut embrafé en un inftant ; & 60. milles de forêt, & de brouffailles brûlèrent en peu de jours, fans qu'on pût arrêter la violence de la flamme. Cette abondance de cendres nouvelles alkalifa toutes ces terres.

SECTION III.

Des terres amoniacales. [Terræ ammoniacales.]

Les terres amoniacales font affez abondantes en Sicile, particuliérement fur le mont Etna, à Lipari, & au Volcano; mais comme je regarde cette production, comme due à l'action des feux Volcaniques, je me réferve d'en parler dans ma Théorie des Volcans.

SECTION IV.

Des terres fulphureufes. [Terræ fulphureæ.]

Ce que j'ai dit des terres acides vitrioliques eft applicable à ces terres; car c'eft le même principe qui les nourrit, excepté que le vitriol dans celles-ci eft uni au phlogiftique, au lieu que dans les premieres il fe trouve feul; ces terres font très-abondantes en Sicile.

SECTION V.

Des terres arfénicales. [Terræ arfenicales.]

Heureufement la Sicile eft très-pauvre en terres arfénicales; car avec l'ignorance des payfans de ce Royaume, ces terres feules fuffiraient pour dépeupler l'Ile : on en trouve un peu à *Mifilmeri* & à *Nifo*; mais elle font très-faibles. L'arfénic qu'elles manifeftent eft plus réalgar qu'arfénic pur, ou bien zincal. Ce fel s'y trouve en petits grains rougeâtres mêlés avec le fable & le terreau du lieu.

CLASSE XI.

DES TERRES BITUMINEUSES. [TERRÆ BITUMINOSÆ.]

LEs bitumes apparens font affez rares en Sicile, excepté dans les lieux, où fe trouve le petréole & le fuccin, fur tout le premier. Les terres bitumineufes ne fe voient point dans cette Ile. Cela étonnera tout ceux, qui confidèrent la Sicile comme une fournaife Volcanique; cela m'a auffi furpris moi-même : mais mes obfervations m'ont fait connaître la caufe de ce phénomène, & j'en donnerai l'explication au Public dans ma Théorie des Volcans.

CLASSE XII.

DES TERRES LABOURABLES. [HUMUS FERTILIS COMMUNIS.]

L'Union de toutes les terres, que nous avons décrites dans ce Chapitre, forme cette terre, qu'on appelle communément labourable ; parcequ'elle eſt plus propre que toute autre à être travaillée, & à recompenſer les fatigues du laboureur. Ces terres en Sicile, comme par tout, ſont plus ou moins bonnes, ſuivant les principes plus ou moins agiſſans, qui les compoſent. Il eſt vrai que l'art corrige bien ſouvent la nature ; mais ce n'eſt point dans ce pays qu'il faut chercher des agronomes capables d'opérer ce changement. En général le terrein de la Sicile eſt excellent, ſoit à cauſe du paſſage des mers, ſoit par les viciſſitudes opérées par les Volcans, & à l'aide des grands vents, qui régnent dans cette Ile. Les molécules terreſtres ſont ſi bien mêlangées, que ce ſol a en même tems des particules terreſtres pour nourrir la plante, & des particules graſſes & ſalines pour la vivifier, & pour hâter ces progrès. Auſſi ignore-t-on en Sicile l'art des engrais; l'ufage des arrofemens, des rapports de marne, de gypfe calciné, & tous les autres moyens que l'induftrie a fait inventer dans des pays moins favorifés de la nature; foit que le commerce avec les autres nations ait éclairé les habitans voifins de la mer, foit que le défir du gain follicite plus les colons maritimes. Les côtes de la Sicile font beaucoup mieux cultivées, que l'intérieur du pays, où la pareffe, la mifère & l'ignorance laiffent en friche les meilleures terres. En général toute la Sicile abonde en terrains excellens; cependant ceux des Vallées de *Mazzara* & de *Noto* font les plus fertiles. La Vallée de *Demini* eft toute couverte de laves encore de trop nouvelle date pour nourrir même l'efpérance de nos neveux, par l'idée d'un emploi avantageux de ces terres, aux dépens des laves mêmes qui, en fe détruifant, concourent à fertilifer les terres qu'elles ont couvertes.

Les meilleures terres, à mon avis, font celles des campagnes de Palerme, celles de Centorbi & celles de Syracufe; elles font jaunâtres, brunes, meubles, légèrement graffes & nullement fétides.

CLASSE XIII.

DES TERRES INCULTES, ET DES TERRES ARIDES. [HUMUS STERILIS NATURÆ INJURIA, VEL CULTURA CARENTE.]

BIen souvent une terre n'est point cultivée par préjugé. J'ai vu négliger des terrains en Sicile, parcequ'ils produisaient de la bruière, du genêt, de la fougère ou du tamarisque ; on estimait ces terres mauvaises à cause de ces plantes, & on laissait ces champs en friche.

Dans d'autres endroits j'ai vu les meilleures terres incultes, faute de bras, faute de courage, ou plutôt faute de bonne volonté. D'un coté la paresse étourdissait les colons sur leur besoins, & leur faisait préférer la misère à quelque peu de fatigue ; de l'autre, le Seigneur, ne pensant qu'au présent, trouvait irraisonable de mettre dans la culture de ses terres plus d'argent, que n'en avaient mis ses prédécesseurs, & ne renouvellant pas les terres, qu'une continuelle production épuisait à la longue, il les mettait dans le cas d'être à la fin abandonnées comme de trop peu de rapport pour être cultivées. Combien de terres neuves trouverai-t-on parmi celles qu'on laisse en friche, & même parmi celles qu'on méprise, & que la voix commune a appellée gratuitement du nom de stériles. Je ne dis pas cela pour prouver que la Sicile n'ait aussi des terres arides : malheureusement elle en a comme les autres pays. Le voisinage de Mont-Réal, de Castello-à-mare, d'Alcamo, de Syracuse, de Trapani, & toutes les petites Iles de Lippari, excepté *Lippari, Strongoli & le Saline*, en donnent des échantillons trop remarquables pour pouvoir le nier. Mais bien loin de songer à améliorer ces terrains absolument inutiles à l'État, la mauvaise économie en a quadruplé le nombre & l'étendue, en confondant, comme je l'ai dit ci-dessus, des terrains rendus mauvais, & incultes par l'ignorance des laboureurs, avec ceux qui étaient arides, & stériles par leur nature.

CHAPITRE

CHAPITRE II.

DES PIERRES EN GÉNÉRAL.

CLASSE I.

DES PIERRES EN GÉNÉRAL, ET PAR-TICULIÉREMENT DE CELLES DE SICILE.

LEs sentimens des Naturalistes sont on ne peut pas plus partagés sur l'origine des pierres. Qui considère les rochers comme appuis constitutifs de la carcasse de notre Globe, & par conséquent nés avec lui; qui les croit postérieurs de beaucoup, & assigne à leur naissance l'époque du déluge, & le passage universel de la mer sur toute la Terre en général; qui croit reconnaître dans la formation des pierres l'action d'un feu quelconque, & tout de suite appelle les Volcans, créateurs de la moitié des corps inanimés existans sur notre sol; qui enfin, n'accordant à la nature d'autre pouvoir, que celui de la voie humide, voit en tout les effets de la fermen-

D

tation, de la diffolution, de la trituration, de l'agrégation, & de la juxta-pofition.

Tous ces fyftemes font vrais en partie; ils n'ont de condamnable que l'univerfalité de l'application de leurs principes. Mais en réuniffant les moyens qu'ils employent féparément, nous réconnaîtrons aifément les caufes de la formation des principaux corps conftituants notre Globe.

Je crois l'exiftence primitive des rochers plus que pofitive; & fuivant moi, néceffaire même au foutien des terres; mais leur nombre eft affez borné, en comparaifon de celui des autres montagnes. Le paffage, & le féjour des eaux de la mer fur la furface du Globe n'eft pas non plus difputable. Les dépôts que cet élément y a formé font des témoignages trop autentiques pour qu'on en puiffe encore douter. Ainfi il eft plus que probable, que la mer ait altéré la face de notre fol, & confolidé, à l'aide des fels dont elle abonde, une partie de la terre, qu'elle détrempait. C'eft à cette caufe, que j'attribuerai volontiers l'origine de toutes nos pierres calcaires.

A la lueur du flambeau de l'évidence, ce fiècle a connu ce que pendant tant de tems les hommes n'entrevoyaient qu'avec frayeur: je veux parler des Volcans, jadis l'effroi de toute la terre. Plus d'une main favante a fondé leurs entrailles, a étudié les caufes de leurs phénomènes ; mille produits étonnans , dont on a cru devoir attribuer l'origine aux caprices de la nature , ont été adjugés à leur véritable principe ; & les Volcans ont été reconnus feuls capables de les former.

Enfin ces couches de terre végétale & animale, ces deftructions de roche pourrie, attenuées, & puis conglobées, finalement liées l'une à l'autre par un ciment difficile a être difcerné & nommé ; avec l'écoulement des fiècles, & à l'aide de l'expérience, & du génie, ont été décidés n'être, que l'effet de la fermentation, de la diffolution, de la trituration, de l'agrégation, & de la juxta-pofition; moyens employés par la voie humide.

Telle eft l'origine des pierres dans tout le Globe ; on voit en Sicile les mêmes effets, opérés par les puiffances dont nous venons de parler ; elles y ont agis de la même manière dans la formation de leurs compofés. Les Volcans fur tout y ont, pour ainfi dire , épuifés leur pouvoir dans la variété des produits qu'ils ont fait naître dans ce Royaume.

Ayant deftiné un ouvrage particulier, fous le nom de *Théorie des Volcans*, pour l'analyfe & la defcription des fubftances Volcaniques, je n'empiéterai pas ici fur les matières, que je regarde comme étrangères à la *Minéralogie*, puifque tous les produits formés par le concours des principes Volcaniques, font l'effet des caufes accidentelles; ainfi ils ne peuvent être claffifiés avec des fubftances, dans la conftitution desquelles la nature a toujours fuivi une marche égale.

Suivant la méthode que nous avons adoptée pour cet ouvrage, nous traiterons de toutes les pierres, que produit la Sicile, d'après la claffification connue, c'eft-à-dire en divifant les pierres en pierres argileufes, en pierres calcaires & en pierres réfractaires.

CLASSE II.

DES PIERRES ARGILEUSES.

AYant fuivi dans ma Lythologie Sici-lienne la claffification indiquée par les trois qualités de terre compofant tous les pro-duits de notre Globe, j'ai cru devoir ran-ger toutes les pierres de ce Royaume fous ces trois divifions. Ma Minéralogie em-braffant un champ plus vafte ; & confi-dérant moins la formation des corps, que leur énumération, fuivant l'ordre affigné à chaque nature, il m'a fallu fuivre une route différente, & claffer les pierres de la Sicile fuivant leurs propriétés diftinéti-ves.

Les deux qualités principales des pierres argileufes font, de durcir au feu, & de ne point faire d'effervefcence au contaét des acides. Toutes les pierres de roche argileufe ont ces propriétés ; mais comme elles diffèrent entre elles à plufieurs égards, j'ai cru devoir commencer par l'analyfe des trois efpèces principales.

Dans le grand nombre des rochers qu'on apperçoit fur la face du Globe, on en voit de plufieurs qualités, que le natu-

D 3

raliſte ſeul ſait diſtinguer. Il en eſt de primitifs qui, ſelon nous, ſont les appuis ou les ſoutiens des terres en général; il en eſt qui ne doivent leur exiſtence qu'aux torrents de laves emanées des entrailles d'un Volcan quelconque, qui, en ſe refroidiſſant, ont produit ces eſpèces de couches, ces bancs pierreux, que le vulgaire confond avec les maſſes naturelles des rochers primitifs.

Enfin il en eſt qui offrent à nos yeux une agrégation continuelle, & dont la formation ne peut être attribuée, qu'à la mer, qui a conglobé une quantité étonnante de fractures de rochers, tantôt ſous leur forme naturelle, tantôt arrondis par le frottement, & par l'action des eaux courantes, qui les ont réduits en cailloux, & qui ont cimenté ces tas avec différentes diſſolutions ſoit végétales, ſoit animales, ſoit ſimplement avec des particules terreuſes.

D'après cette analyſe générale, voici la diſtinction qu'on peut établir entre ces trois eſpèces de pierre de roche argileuſe: la primitive eſt toujours en maſſe; la Volcanique forme des lits, des rognons, des eſpèces de ceintres ſuivant la ſituation, dans laquelle la lave a été refroidie, &

la pierre de roche formée par la mer, dans son tout, offre une réunion de mille substances hétérogènes, quelque fois même des pierres calcaires.

SECTION I.

Des pierres de roche primitive.

Les pierres de roche primitive [*lapides formationis primariæ, vulgo saxa*] sont assez rares en Sicile; on y apperçoit cependant les suivantes:

1. *Pierre argileuse grise de Taormina.*
2. *Pierre argileuse blanche de Messine.*
3. *Pierre argileuse noirâtre de Jaci-Réale.*
4. *Pierre argileuse grise du fleuve de S. Paul.*
5. *Pierre argileuse blanche du fleuve de S. Paul.*
6. *Pierre argileuse grise de Palma.*
7. *Pierre argileuse brune des montagnes de Girgenti.*
8. *Pierre argileuse blanche sale de Castrogioanni.*

Toutes ces pierres se trouvent en masses énormes, formant des rochers entiers d'un feul jet. On ne peut rien dire de leurs gangues ; car leur bafe eft appuyée fur le centre du Globe terreftre, & fe perd dans l'immenfité de la terre. Ces pierres ont du plus au moins, toutes les qualités qui diftinguent les pierres argileufes. Voyez à cet égard *ma Lythologie.*

Je devrais en règle employer ici la feconde Section à l'énumération des pierres de roche Volcanique ; mais je deftine en entier à ma *Théorie des Volcans* l'analyfe des pierres dues à cette origine, & je paffe tout de fuite à la fuivante.

SECTION II.

Des pierres de roche agrégée.

La claffe des pierres de roche agrégée [*faxa aggregata*] eft plus nombreufe en Sicile, que celle des pierres des roches primitives ; mais comme ces variétés font très-peu fenfibles, & que c'eft prefque toujours la même chofe, je me contenterai d'indiquer les lieux, où on les trouve plus communément, comme à la *Trizza,* au Cap de *Millazzo,* à *Magarelli,* à *San Giuliano,* au Cap de *Lilibée,* à *Termini,* à *Cefalu,* à *Centorbi,* au Cap d'*Orlando,* à *Caftro-Gioanni,* à *Santa Catarina,* à *Calata-*

niſſeta, à *Trapani*, au *Monte Toro*, au *Monte Erice*, &c.

Dans la même Claſſe il faut comprendre encore toutes les pierres de roche, formées par l'union de pluſieurs ſubſtances différentes, comme par exemple :

1. Pierre argileuſe rougeâtre de *Taormina*

2. Pierre argileuſe griſe du fleuve de *Niſo*.

3. Pierre argileuſe jaunâtre du fleuve de *Niſo*.

4. Pierre argileuſe blanche, à veines bleuâtres du même.

5. Pierre argileuſe noirâtre de *Jaci-Réale*.

6. Pierre argileuſe rougeâtre de *Catania*.

7. Pierre argileuſe blanche ſale de *Syracuſe*.

8. Pierre argileuſe brune de *Noto*.

9. Pierre argileuſe griſe de *Raguſe*.

10. Pierre argileuſe blanche ſale de *Butera*.

11. Pierre argileuſe blanche ſale de *Licata*.

12. Pierre argileuſe griſe du fleuve *Durillo*.

13. *Pierre argileuse bolaire grise du fleuve Durillo.*

14. *Pierre argileuse saponara de Centorbi.*

15. *Pierre argileuse grise de San Giuliano.*

16. *Pierre argileuse blanche jaunâtre de Castro-Gioanni.*

Sur la nature de toutes ces pierres on peut consulter ma *Lythologie* page 27. jusques à 33. inclusivement.

On trouve encore des pierres de roche agrégée à *Trapani*, à *Colascibetta*, & à *Monte-aperto.*

Quoique les tufs argileux [*Tophus argillosus*] ne soient pas des roches agrégées, je crois nonobstant devoir les joindre à cette Classe, à cause que ces deux substances ont un principe commun. Leur existence dépend de plusieurs causes accidentelles, ainsi que celle de toutes les concrétions. Les tufs calcaires sont les plus nombreux; mais il y a des tufs à base glaiseuse; les principaux de cette espèce sont :

1. *Tuf jaunâtre de Syracuse, assez fin.*

2. *Tuf grisâtre de Palma, médiocre.*

3. *Tuf micacé de Palma grossier.*

Ce dernier, en outre d'un grain plus groffier, contient encore une quantité de paillettes brillantes d'un mica jaune.

CLASSE III.

DES PIERRES ARÉNAIRES.

L'Abondance du fable en Sicile a produit néceffairement une grande quantité
de pierres arénaires [*lapides arenarii*]
qui font plus ou moins dures fuivant lé
ciment, plus ou moins agiffant, qui a lié
leurs parties conftituantes. Voici les principales pierres de cette efpèce :

1. *Pierre arénaire de Meffine, groffiere.*
2. *Pierre arénaire de Taormina, groffiere.*
3. *Pierre arénaire de Catania, médiocrement fine.*
4. *Pierre arénaire de Syracufe, médiocrement fine.*
5. *Pierre arénaire de Pietra-perzia, fine de grain.*
6. *Pierre arénaire de S. Martin, groffiere.*
7. *Pierre arénaire de Mont-Réal, groffière.*

8. *Pierre arénaire de Castello à-mare, grossiere.*

10. *Pierre arénaire de Trapani, médiocrement fine.*

11. *Pierre arénaire d'Alcamo, médiocrement fine.*

Les pierres arénaires forment des masses très-considérables dans les rochers sabloneux où on les trouve ; leur gangue est pour l'ordinaire de la nature de la pierre même, formant une autre couche, ou bien un lit de sable transparent.

Je crois devoir joindre aux pierres arénaires celles de grès [*cos*] ainsi, que les pierres meuilleres [*lapis molaris*] étant formées d'une nature à peu près semblable.

Les principaux grès de la Sicile sont :

1. *Grès de Termini, grossier.*
2. *Grès de Capo d'Orlando grossier.*
3. *Grès del Piano dei Greci, plus fin.*
4. *Grès de San Giuliano plus fin.*

Ces grès sont tous en masses continues ; mais les suivants sont feuilletés.

1. *Grès de S. Stefano di Bivona, à feuilles minces.*

2. *Grès de Bayda, à feuilles minces.*

3. *Grès de Castro-Gioanni, à feuilles épaisses.*

4. *Grès de Paterno, à feuilles plus épaisses encore.*

5. *Grès de Messine, grossier & friable.*

Les pierres meuilleres sont assez communes en Sicile ; il y en a de diverses natures. J'abandonne l'analyse des graniteuses & des quartzeuses ; j'en parlerai dans les articles qui sont destinés à ces natures ; je placerai ici seulement celles, qu'on appelle dans les pays, pierres meuilleres poreuses, qui, au premier coup d'oeil, paraissent être un produit Volcanique, & qui cependant ne doivent l'être qu'à une agrégation des différens corps pierreux, pour l'ordinaire de nature argileuse, quoique quelquefois l'eau y admet aussi des corps calcaires : voici celles de ce genre, dont on se sert en Sicile.

1. *Pierre meuillere blanche mêlée de grains noirs, de Corleone.*

2. *Pierre meuillere blanchâtre de Corleone.*

3. *Pierre meuillere grise de Syracuse.*

4. *Pierre meuillere blanchâtre de Syracufe.*
5. *Pierre meuillere blanchâtre de Meffine.*

Cette dernière n'eft qu'un produit fémi-naturel ; parceque la nature ne concourt à fa formation, qu'à force d'être follicitée par l'art ; voyez ma *Lythologie* page 40.

A la fuite des pierres meuilleres viennent naturellement les pierres à razoirs [*lapides coticulares*]; il y en a très-peu en Sicile, on n'en trouve même, qu'à Mezzoiufo, on les diftingue de deux fortes :

Pierre à rafoirs d'un blanc fale.
Pierre à rafoirs d'un jaune clair.

La feconde eft préférable à la première. Ces pierres ne font que le produit d'une argile durcie, & cimentée par un alkali volatil ; voyez ma *Lythologie* pag. 41.

CLASSE IV.

DES PIERRES DE CORNE.

LEs pierres de corne [*lapides cornei*] occupent, suivant moi, l'état médiaire entre la roche pourrie, & l'asbeste. La Sicile est très-pauvre en ce genre de productions; on y distingue cependant les espèces suivantes :

1. *Pierre de corne de Castro-Giovanni, très-fine de grain.*
2. *Pierre de corne de Sainte Cathérine, encore plus fine.*
3. *Pierre de corne de Niso, médiocrement fine.*

Les pierres de corne forment des couches, comme les silex, entre deux autres couches de pierre de roche pour l'ordinaire primitive. On en trouve aussi souvent par sauts ; mais alors c'est le reste d'un banc attaqué par la décomposition.

La première des ces pierres est de la nature du *lapis corneus mollior*, la 2. & la 3. du *lapis corneus tunicatus* de Waller.

CLASSE V.

DES ASBESTES, ET DES AMYANTHES.

LEs asbeftes, & les amyanthes (*afbe-ftus, & amyantus*) produits par la *sfilation*, décompofition filamenteufe de la pierre de corne, attendrie au moyen de l'action de la voie humide, font également rares en Sicile. Le fleuve de Nifo eft le feul, qui en préfente, même fous ces deux variétés feulement :

1. *Asbefte, & amyanthe blanchâtres de Nifo.*
2. *Asbefte, & amyanthe verdâtres de Nifo.*

Les asbeftes, & les amyanthes fe trouvent pour l'ordinaire dépofés fur des bancs de pierre de corne, ou bien fur des pierres de roche primitive, qui leur fervent de gangues & de matrices. Ces couches asbeftines ne font guères épaiffes.

Voyez fur cet article ma *Lythologie* pag. 44.

CLASSE

CLASSE VI.

DU LIÈGE, ET DE LA CHAIR FOSSILE.

PRovénants de la destruction de la même substance, qui forme la pierre de Corne, & l'asbeste, le liège, & la chair fossile (*suber montanum* Wall., *caro montana* Lin.) n'abondent gueres en Sicile ; toutes les variétés qu'on y observe se reduisent à ce petit nombre.

1. *Liège fossile blanchâtre de Sainte Cathérine.*
2. *Liège fossile blanc sale de Castrogiovanni.*
3. *Chair fossile blanche sale de Trapani*
4. *Chair fossile blanchâtre de Niso.*

Le liège & la chair fossile provénant de la décomposition des pierres de roches primitives se trouvent pour l'ordinaire sur ces mêmes pierres sous la forme d'une pellicule blanche jaunâtre, plus ou moins épaisse, & plus ou moins adhérente à sa gangue, selon l'ancienneté de la formation.

F.

CLASSE VII.

DES SCHISTES, ET DES ARDOISES.

LEs schistes, & les ardoises (*Schistus* Lin., *Lapis scissilis* Wall.) paraissent devoir l'être aux mêmes principes; cependant ce n'est pas la même substance. Et une preuve assez frappante de cette vérité nous est offerte dans l'analyse des pierres de la Sicile, pays assez abondant en schistes, & n'offrant pas une seule ardoise. Les principaux schistes Siciliens sont.

1. *Schiste fauve de Sainte Cathérine, à couche fine.*
2. *Schiste fauve de Centorbi, grossier.*
3. *Schiste rougeâtre de Catania, à couches fines.*
4. *Schiste noirâtre de Messine, à couches épaisses.*

Il y a des auteurs Siciliens qui ont annoncés dans leurs ouvrages l'existence de l'ardoise en Sicile; je soupçonerais, que c'est de ce dernier schiste dont ils auront voulu parler. Les schistes en Sicile, comme partout, se trouvent aux pieds des rochers primitifs qui leur fervent de gangue & de matrice, car c'eft de la décompofition de ces pierres que fe forment les fchiftes: voyez à cet égard ma *Lythologie*.

CLASSE VIII.

DU SPATH FUSIBLE.

LE feul fleuve de Nifo préfente des Criftallifations fpathiques; encore n'ont-elles rien de bien remarquable dans leur configuration : voici les variétés que j'ai remarqué en ce genre.

1. *Spath jaunâtre de Nifo, cubique.*
2. *Spath verdâtre de Nifo, cubique.*
3. *Spath grifâtre de Nifo, quadrilatère.*

Tous ces fpaths forment des matrices très-faibles attachées, pour l'ordinaire, à quelque rocher primitif, ou volcanique; ils font très-faibles, mais excellens pour la porcelaine.

Aux environs de Catania on trouve quelque fois un fpath rougeâtre rhomboidal terne ; mais comme il eft rare & je ne l'ai point vu fur fa gangue; j'aurais quelque doute fur fon origine. Le fpath

verdâtre de Nifo eft quelque peu phofphorique ; il eft de la nature du *fpathum
vitreum* Lin.

CLASSE IX.

DES QUARTZ.

QUoique la Sicile n'offre pas beaucoup
de variétés dans fes quartz (*quartzum*)
elle en fournit cependant de très-beaux ,
comme par exemple :

1. *Le quartz laiteux de S. Cathérine.*
2. *Le quartz rouge de Catania.*
3. *Le quartz bleu du fleuve de Nifo.*
4. *Le quartz blanc pyriteux de Centorbi.*

Les pierres meuilleres quartzeufes, dont
j'ai parlé dans la Claffe III., font remplies de fragmens de quartz , de la qualité de celui de S. Cathérine ; mais on ne
les eftime pas ; parceque leur grain n'eft
pas affez égal .

CLASSE X.

DES SILEX.

PRivés des belles variétés, qui diftinguent les filex (*filices*) des autres pays ;
ceux de Sicile ne font, pour ainfi dire,
que d'une feule nature, & ne diffèrent
entre eux que par quelque particularité
peu remarquable, principalement par la
couleur. Voici ceux que j'ai remarqué
dans ce Royaume.

1. *Silex gris, de S. Stefano di Bivona.*
2. *Silex rouge foncé, de Mifilcannone.*
3. *Silex blanc, & noir, de Mifilcannone.*
4. *Silex noir, de Mifilcannone.*

Les filex forment des couches plus ou
moins épaiffes dans les rochers primitifs ;
ou bien fe trouvent en bancs, ou en cailloux roulés, dans un lit de terre marneufe.
Suivant le fentiment des plus célèbres Naturaliftes, cette terre eft à la fois mere &
fille des filex ; car elle les forme, & naît
également de la décompofition de ces pierres. En Sicile les filex affectent particulièrement de fe trouver dans la marne.

CLASSE XI.

DES JASPES.

NE voulant pas revenir dans ce moment-ci fur tout ce que j'ai déja dit des jafpes (*jafpides*) dans ma Claffe XIV. pag. 53. *Lytholog. Sicil.*, je me bornerai à la fimple énumération des jafpes de ce pays, & à quelques obfervations particulières.

L'abondance des jafpes eft fi grande en Sicile, que pour rapprocher davantage les efpèces, & faire mieux connaître l'étonnante variété, qui les diverfifie, j'ai cru devoir dans cet Ouvrage les ranger fuivant la méthode de Mr. Wallerius, en faifant toutes fois quelques changemens néceffaires à leur claffification.

SECTION I.

Des jafpes d'une couleur. (Jafpis unicolor.)

Jafpe rouge, *jafpis rubefcens.*
Jafpe rouge de Giuliano.
Jafpe rouge brun de Giuliano.
Jafpe rouge vif de S. Stefano.
Jafpe couleur de chair de Camerata.

Jaspe rouge vif de Monte-vago.
Jaspe jaune, *jaspis flava.*
Jaspe jaune brun de Giuliano.
Jaspe bleu, *jaspis cærulea.*
Jaspe bleu clair du Territoire de Chiusa.
Jaspe verd, *jaspis viridis.*
Jaspe verd de Giuliano.
Jaspe noir, *jaspis nigra.*
Jaspe noir de Giuliano.

Quoique la couleur soit la même dans ces jaspes, leur teinte cependant n'est point également soutenue ; & présente souvent des nuaces panachées. Cela provient de l'état dans lequel se trouvaient les matières composantes dans leur état de fluidité, au moment que la cimentation s'est faite.

SECTION II.

Du jaspe fleuri. (Jaspis variegata.)

Jaspe fleuri à fond blanc, & à petites taches rouges.
Jaspis variegata lactea particulis rubris subtilissimis.
Jaspe fleuri de Giuliano.
Jaspe fleuri de Giuliano, variété.
Jaspe rouge fleuri de jaune, de Giuliano.
Jaspe rouge pale fleuri de petites taches laiteuses, de Misilmeri.

Jaspe fleuri avec parties agatisées.
Jaspis variegata achatino lapide mixta.

Ces jaspes font très-rares en Sicile, & par conséquent très-précieux, la plupart des ouvrages qu'on en fait, font en *impelliciatura* ou revêtus. Voyez mes Lettres fur la Sicile Lettre XIX.

SECTION III.

Du jafpe-agate, jafpe onix. (Jafpis onichinæ.)

Jafpe-agate, moitié opaque colorié, moitié tranfparent.
Jafpis cum achatino lapide diverfimodo mixta ad partem femipellucida.
Jafpe rouge pale avec taches agatifées, & liférées de blanc, de Giuliano.
Jafpe rouge pale avec taches agatifées, & liférées blanchâtres, de Giuliano.
Jafpe rouge avec taches agatifées contournées de blanc, de Giuliano.
Jafpe rouge avec taches agatifées, & autres laiteufes claires, de Giuliano.
Jafpe rouge brun avec parties agatifées, & taches laiteufes, de Giuliano.
Jafpe à fond d'agate brune avec taches rouges, de Giuliano.

Jafpe à fond rouge avec parties agatifées, & d'autres laiteufes, de Giuliano.

Jafpe rouge avec taches jaunes claires, & lignes agatifées, de Camerata.

Jafpe blanc fale à taches agatifées & lignes rougeâtres, de Camerata.

Jafpe rouge avec taches agatifées, & autres noires, de la plaine de Magli.

Jafpe rouge, & blanc avec lignes agatifées, de Giuliano.

Jafpe rouge clair avec taches laiteufes, & veines agatifées, de Mont-Réal.

Jafpe à plufieurs couleurs, *jafpis mixta variegata.*

Jafpe vert obfcur avec taches couleur de Calcédoine, & autres rouges, de Giuliano.

Jafpe rouge & noir, de Giuliano.

Jafpe vert & rouge, dit jafpe fanguin, de Giuliano.

Jafpe rouge avec taches fédimenteufes contournées de blanc, de Giuliano.

Jafpe jaune & noir, de Giuliano.

Jafpe noir & incarnat, de Giuliano.

Jafpe rouge avec taches obfcures, & blanches, de Giuliano.

Jafpe rouge avec petites taches blanchâtres, de Giuliano.

Jaspe à fond obscur avec taches sédimenteuses lisérées de blanc, de Giuliano.

Jaspe vert obscur à taches sédimenteuses
rouges & jaunes, de Giuliano.

Jaspe jaune obscur avec taches jaunes claires, de Giuliano.

Jaspe rouge brun à taches agatisées, &
laiteuses avec parties de marcassites, de
Giuliano.

Jaspe vert obscur avec taches laiteuses
sales, & autres rouges, de Giuliano.

Jaspe rouge obscur avec taches d'un rouge un peu vif, de Giuliano, & du
fleuve Chiappante.

Jaspe vert foncé avec taches laiteuses sales, & autres rouges, de Giuliano.

Jaspe vert obscur avec taches sédimenteuses, & d'autre jaunes pales, de Giuliano.

Jaspe vert jaunâtre avec taches noires, &
marcassites, de Giuliano.

Jaspe rouge pale avec taches sédimenteuses, & d'autres blanchâtres, de Giuliano.

Jaspe rouge pale avec taches blanches à
ondes, & d'autres d'un rouge vif lisérées de blanc, & remplies de marcassites, de Giuliano.

Jaspe vert obscur avec taches jaunes foncées, & blanchâtres, de Giuliano.

Jaspe jaune clair avec taches vertes striées de marcassites, de Giuliano.

Jaspe jaune clair avec taches rouges brunes, de Giuliano.

Jaspe vert & rouge avec taches agatisées, & marcassites, de Giuliano.

Jaspe rouge vif avec taches vertes foncées, de Giuliano.

Jaspe rouge pale, avec parties blanches, & autres laiteuses avec parties de marcassites, de Giuliano.

Jaspe jaune clair avec taches obscures, de Giuliano.

Jaspe vert jaunâtre avec stries obscures, de Giuliano.

Jaspe jaune pale avec taches blanches entre-mêlées d'autres d'un jaune vif, de Giuliano.

Jaspe vert jaunâtres avec taches brunes, de Giuliano.

Jaspe sanguin avec taches noires, de Giuliano.

Jaspe rouge vif avec taches jaunes, de Giuliano, du côté de la Sambucca.

Jaspe vert avec taches blanches, & d'autres laiteuses sales, de S. Stefano.

Jaspe jaune clair opaque avec taches blanches ondées de blanc sale, de S. Stefano.

Jaspe jaune sale avec taches claires sales, de S. Stefano.

Jaspe jaune clair avec petites taches laiteu-ses, & autres blanches, de S. Stefano.

Jaspe à fond laiteux sale avec ondes blan-ches, & taches blanches, de S. Stefano.

Jaspe blanc sale ondé de noir, à taches brunes, de S. Stefano.

Jaspe blanc sale avec taches blanches, & autres jaunes, de S. Stefano.

Jaspe blanc sale avec taches brunes, & autres laiteuses, de S. Stefano.

Jaspe vert avec lignes jaunes claires, de Camerata.

Jaspe rouge clair avec lignes foncées, de Camerata.

Jaspe vert obscur avec taches agatifées, & striées blanches, de Camerata.

Jaspe vert obscur avec taches jaunes, de Camerata.

Jaspe vert obscur avec taches blanches, & jaunes transparentes, ondées de blanc de lait épais, de Misilcannone.

Jaspe rouge pale avec taches laiteuses, & d'autres jaunes, de Misilcannone.

Jaspe jaune clair avec taches rouges clai-res, de Misilcannone.

Jaspe vert avec taches blanches sales, de Misilcannone.

Jaspe vert clair avec taches blanches, de Mifilcannone.

Jaspe vert avec taches jaunes pales, & d'autres jaunes vives, accompagnées des parties blanches, de Mifilcannone.

Jaspe vert obfcur avec taches jaunes, & autres blanches fales, de Mifilcannone.

Jaspe vert clair avec taches blanches fales, & d'autres jaunes, de Cacamo.

Jaspe rouge brun avec taches laiteufes, de Mifilmeri.

Jaspe rouge vif avec taches jaunes, & d'autres obfcures, de Mifilmeri.

Jaspe rouge clair ondé de jaune & de blanc fale de Mifilmeri.

Jaspe jaune avec taches rouges, & brunes, de Cefalu.

Jaspe vert clair avec parties obfcures, de Mifilmeri.

Jaspe vert obfcur avec taches jaunes claires, de Mifilmeri.

Jaspe jaune avec parties vertes foncées, de Caltabuturo.

Jaspe vert obfcur avec parties jaunes, & d'autres vertes claires, de Caltabuturo.

Jaspe brun avec parties vertes claires, de Cefalu.

Jaspe vert obfcur avec taches vertes claires, ondées de jaune, de Cefalu.

Jaspe jaune foncé avec taches vertes obscures, & d'autres vertes claires, de Cefalu.

Jaspe jaune avec taches rouges, & brunes, de Cefalu.

Jaspe vert clair avec taches vertes obscures, de Cefalu.

Jaspe jaune clair avec taches rouges, & obscures, de S. Christine.

Jaspe vert avec taches jaunes, & parties rouges, de S. Christine.

Jaspe rouge, & jaune avec taches obscures, de S. Christine.

Jaspe rouge avec parties vertes, & d'autres laiteuses, de S. Christine.

Jaspe couleur de chair ondé de brun, & de jaune, de Castronovo.

Jaspe couleur de chair pale, variété, de Castronovo.

Jaspe vert obscur avec taches blanches sales, & d'autres jaunes, du Territoire del Caffero.

Jaspe jaune sale avec taches blanches sales, & d'autres jaunes obscures, de Castronovo.

Jaspe vert pale ondé de petites taches obscures, de Gian-Cavallo.

Jaspe jaune tirant sur la couleur de chair, avec taches rouges & noires, d'Adriano.

Jafpe jaune ondé de brun, de Candita.

Jafpe rouge, & vert avec marcaffites, du fleuve Orete.

Jafpe jaune obfcur ondé de couleur de chair avec de petites taches rouges & jaunes, de Mont-Réal.

Jafpe jaune vigoureux avec taches jaunes claires, & lignes obfcures, de Caputo.

Jafpe rouge foncé avec lignes blanches, & parties jaunes fales, de Moardo.

Jafpe jaune, & rouge pale ondé de blanc fale avec parties laiteufes, de la Vallée dei Cannelli.

Jafpe jaune avec taches noires, de Caftel-laccia.

Jafpe vert, & noir avec de petites taches noires, de la montagne de S. Giuliano.

Jafpe rouge, & noir avec parties laiteufes, de Caftro-Giovanni.

Jafpe vert obfcur avec marcaffites, de Centoripa.

Étant entré dans ma *Lythologie* dans tous les détails, qui concernent la formation des jafpes, & la caufe de l'étonnante variété qui regne dans leurs couleurs, je me bornerai ici, ainfi que je l'ai dit ci-deffus, à quelques obfervations particulières.

1. Dans tous les pays riches en jaspes, on ne trouve ces pierres que sous une forme roulée, en cailloux plus ou moins gros. En Sicile cette substance se fait voir par couches de plusieurs pieds de longueur. Cela détruit toutes les idées qu'on a eu sur l'origine des jaspes; & l'on voit que ces pierres sont formées comme les marbres, & comme toutes les autres pierres; excepté que leur ciment, que je crois être l'acide aërien, est infinement plus fort que celui de toutes les autres pierres, & que les jaspes en cailloux ne sont que des émanations de ces mêmes lits, mais en fragmens roulés & arrondis par les eaux.

2. Tous les jaspes Siciliens, malgré la beauté de leurs nuances, sont d'un assez mauvais emploi, parcequ'ils sont poreux. Il est vrai que l'art y supplée, en introduisant dans les fissures & dans les cavités un ciment composé de blanc de ceruse, de gomme adragant, & de la couleur dont on veut imiter la teinte; mais cela n'empêche pas que l'artifice ne se décèle bientôt, & que le meuble ne fasse voir dans peu de tems ses porosités naturelles.

3. Le peu d'ouvriers habiles, qu'il y a en ce genre en Sicile, fait que les lieux
qui

qui produifent ces richeffes font peu connus. Je n'ai trouvé dans tout Palerme que deux marbriers, qui fuffent en état de me donner quelques enfeignemens fatisfaifans fur cet article.

4. La maladreffe des marbriers Siciliens a abimés la plupart de ces belles couches de jafpe; j'en ai vu qui auraient pu former une table de quatre pieds de longueur fur deux de largeur, coupée en plufieurs morceaux; parceque l'ouvrier trouvait plus fon compte à débiter ce jafpe en détail.

5. L'avarice de ces ouvriers occafionne bien fouvent des équivoques dans la claffification de ces pierres. Voulant épargner la pierre de Tripoli & l'Emeri dans le polliffage des jafpes, ils emploient pour l'ordinaire de la brique pilée & du brun rouge mêlés de limaille de fer. Cela ne donne jamais un poli parfait à la pierre; & en outre le brun rouge s'infinue dans les fiffures de la pierre, & forme des veines rouges artificielles, que le moindre lavage fait difparaître, ainfi que je l'ai remarqué ci-deffus.

F

CLASSE XII.

DES AGATES.

SUivant le même guide qui m'a conduit dans la classification des jaspes, je rangerai les agates de la même maniere, en exceptant les espèces que la Sicile ne produit pas.

SECTION I.

Des agates à plusieurs couleurs.

Achates diversis coloribus eminentioribus nitens. **Wal.**

Agate jaune, & rouge avec taches blanches, de Giuliano.

Agate jaune obscure avec taches blanches, de Giuliano.

Agate á fond jaune, & à taches noires, de Giuliano.

Agate verte couleur d'olive avec taches blanches, & d'autres brunes, de Camerata.

Agate verte foncée avec taches jaunes, de Camerata.

Agate blanche sale avec taches vertes claires lisérées de brun, de Castronovo.

Agate verte olivâtre à fédiment avec taches blanches, de Caftronovo.

Agate verte claire avec taches blanches fales, de Caftronovo.

Agate verte brune avec taches vertes claires, de Camerata.

Agate jaune & verte claire avec taches vertes obfcures, de Camerata.

Agate jaune avec taches blanches fales, & d'autres obfcures, de Camerata.

Agate jaune opaque avec taches & ondes rouges, de Gian-Cavallo.

Agate à fond blanc opaque avec taches jaunes, & teintes couleur de chair, de S. Stefano di Bivona.

Agate rouge pale ondée de blanc, de jaune, & de couleur de chair, de Mont-Réal.

Agate grife cendrée avec taches blanches, de Mont-Réal.

Agate blanche opaque avec taches blanches fales, & d'autres noires, de Mont-Réal.

Agate blanche fale avec taches blanches claires & parties jaunes, de Mifilmeri.

Agate jaune avec taches, & ondes couleur de chair, de Mifilmeri.

Agate blanche à petits points noirs, de S. Chriftine.

Agate ondée de jaune & de rouge, de bains de Cefalu.

Agate à fond jaune obscur avec taches jaunes claires, de Golizano.

Agate à fond couleur de chair un peu rougeâtre tacheté de noir, de Golizano.

Agate à fond gris & taches jaunes & noires, de Taormina.

Agate verte claire avec taches vertes sales, & d'autres d'un jaune clair, de Traina.

Agate verte obscure avec taches vertes claires, du fleuve Ciappante.

Agate jaune sale avec taches vertes obscures, de Candita.

Agate jaune vive avec taches blanches sales, & d'autres rouges, des environs de Palerme.

Agate jaune vive avec taches blanches opaques ondées de couleur de chair, des environs de Palerme.

Agate jaune obscure avec taches jaunes claires, & stries obscures, du Territoire de Mizagno.

Agate blanche opaque & sale ondée de noir, de la montagne de Rebottone.

Agate blanche sale opaque avec taches jaunes claires, & parties tachetées de noir, de Zafuti.

Agate à fond blanc sédimenteux avec taches jaunes claires, & quelqu'unes lisérées de rouge, de Misilcannone.

Agate jaune fale à taches blanches fales,
du fleuve Lato.

Agate grifâtre avec petites taches blanches,
& parties jaunes fales, du fleuve Lato.

Agate blanche fale opaque avec taches blanches claires, de Caftellaccio.

Agate rougeâtre opaque tachetée de blanc,
de Caftellaccio.

Agate jaune vive avec petites taches rouges, & blanches, du fleuve Abbiffo.

Agate jaune claire avec taches rouges, &
petites taches blanches, du fleuve Orete.

Agate rougeâtre claire opaque tachetée de
blanc avec des lignes brunes, de Sainte
Marie del Gesù.

Agate à fond blanc fale tachetée de blanc
clair avec de grandes taches jaunes,
de Termini.

Agate rougeâtre claire opaque tachetée de
blanc, avec taches jaunes claires de S.
Stefano.

Agate rougeâtre claire opaque avec taches
jaunes, du fleuve S. Michel.

Agate tranfparente, ou en partie diaphane.
Achates hyalinus, aqueus glacialis. Wal.

Agate jaune opaque pale avec taches agatifées, & liférées de blanc, du fleuve
Ciappante.

Agate à fond blanc tranfparent avec taches jaunes, de Giuliano.

Agate à fond tranfparent avec taches laiteufes, & parties jaunes, de Giuliano.

Agate jaune vive avec taches blanches tranfparentes, & d'autres blanches opaques, de Giuliano.

Agate à fond tranfparent avec taches laiteufes, & d'autres jaunes, de Giuliano.

Agate jaune avec taches rouges, & d'autres blanches tranfparentes, de Giuliano.

Agate jaune foncée avec taches tranfparentes, & d'autres brunes, de Camerata.

Agate verte, & jaune avec taches blanches criftallifées, de Camerata.

Agate jaune foncée avec taches blanches criftallifées, & d'autres obfcures, de Camerata.

Agate verte obfcure avec taches blanches criftallifées, de Camerata.

Agate jaune claire avec taches blanches criftallifées, & parties vertes claires de Caftronovo.

Agate à fond tranfparent criftallifé, & taches jaunes, de Cacamo.

Agate jaune pale avec taches blanches fales, liférées d'une criftallifation tranfparente, de Cacamo.

Agate jaune claire avec fond tranfparent criftallifé, de Milizia.

Agate jaune foncée à fond tranſparent, criſtalliſé de Gian-Cavallo.

Agate à fond blanc criſtalliſé avec taches jaunes claires, d'Adriano.

Agate à fond tranſparent avec taches jaunes, & parties vertes claires, d'Adriano.

Agate à fond tranſparent ſale avec taches jaunes foncées, ondées de jaune clair, de S. Stefano di Bivona.

Agate à fond tranſparent avec taches jaunes claires, de S. Stefano.

Agate rouge claire tranſparente avec taches jaunes vives, de Mont-Réal.

Agate jaune claire tranſparente avec taches blanches, de Miſilmeri.

Agate blanche ſale avec taches rouges claires, & d'autres criſtalliſées, de Miſilmeri.

Agate verte foncée avec taches criſtalliſées, & d'autres jaunes, de Miſilmeri.

Agate verte obſcure avec taches blanches criſtalliſées, d'Adragno.

Agate jaune avec taches tranſparentes, & lignes ondoyantes obſcures, d'Adragno.

Agate jaune avec taches tranſparentes ondées de jaune obſcure, d'Adragno.

Agate jaune avec parties criſtalliſées, & d'autres ſédimenteuſes, d'Adragno.

Agate verte, & jaune avec parties criſtalliſées, d'Adragno.

Agate à fond obfcur tranfparent avec taches blanches, & parties jaunes fales, de S. Chriftine

Agate à fond tranfparent criftallifé avec taches blanches liférées de brun, & d'autres jaunes, de S. Chriftine.

Agate verte obfcure avec taches blanches tranfparentes, de Caltabuturo.

Agate à fond tranfparent criftallifé avec taches blanches opaques, & d'autres jaunes, de Caltabuturo.

Agate verdâtre tranfparente avec parties fpathiques, & taches jaunes, de bains de Cefalu.

Agate à fond verdâtre tranfparent avec parties diaphânes, & taches jaunes, de bains de Cefalu.

Agate à fond tranfparent avec taches blanches fales, & d'autres d'un jaune vif, de bains de Cefalu.

Agate à fond gris avec taches rouges, & parties criftallifées, de Taormina.

Agate jaune claire avec lignes tranfparentes, & taches jaunes opaques, de la Moarda.

Agate à fond tranfparent avec taches jaunes pales liférées de rouge clair, de la Vallée del Bofco.

Agate à fond tranſparent obſcur, avec taches jaunes liſérées de diaphane, du Territoire de Mont-Réal.

Agate à fond tranſparent obſcur avec taches jaunes claires, & d'autres, couleurs de calcédoine, de la montagne de Rebottone près de Palerme.

Agate à fond tranſparent avec taches jaunes vives liſérées de rouge, de la plaine de Magli.

Agate à fond tranſparent avec parties ſpathiques, taches rouges, & parties jaunes, du fief de Zafuti.

Agate jaune claire ſale avec petites taches blanches ſales, & parties tranſparentes louches, de Miſilcannone.

Agate à fond tranſparent avec taches jaunes vives liſérées de blanc, de la Vallée dei Cannelli.

Agate tachetée des petites taches jaunes, & rouges, la plus-part liſérées d'une criſtalliſation tranſparente, de la Vallée dei Cannelli.

Agate à fond vert obſcur tranſparent, avec taches blanches criſtalliſées mais, opaques, de Caſtellaccio.

Agate tachetée de jaune avec contours transparens, & petites taches diaphanes, de Sainte Marie del Gesù.

Agate rouge vive avec taches jaunes, &
quelqu'unes tranſparentes, de Termini.

Agate jaune pale ſale avec taches rouges
ſales, & d'autres rouges criſtalliſées,
du fleuve Orete.

Agate rouge pale tranſparente à taches claires, du fleuve de S. Michel.

Agate laiteuſe, *Achates cinereus.*

Agate à fond jaune opaque avec taches
laiteuſes, de Giuliano.

Agate jaune vive avec fond tranſparent, &
taches laiteuſes, d'Adriano.

Agate à fond tranſparent, & obſcur avec
taches jaunes laiteuſes, de S. Stefano.

Agate à fond tranſparent avec taches rouges & jaunes, & parties laiteuſes, de
S. Stefano.

Agate jaune & rouge avec taches laiteuſes, de Mont-Réal.

Agate tranſparente laiteuſe avec taches jaunes claires, de Miſilmeri.

Agate à fond gris avec taches laiteuſes à
ondes, de S. Chriſtine.

Agate à fond tranſparent avec taches jaunes, & laiteuſes, de Caltabururo.

Agate à fond tranſparent avec parties ſpathiques laiteuſes, & taches jaunes &
rouges, de Caltabururo.

Agate à fond tranſparent ſpathique laiteux avec taches jaunes vives, de Selinunte.

Agate à fond de couleur obſcure, quoique tranſparente avec parties ſpathiques, & taches jaunes claires, des bains de Cefalu.

Agate à fond de couleur de tabac d'Eſpagne avec taches blanches ſales, & parties laiteuſes jaunâtres, de Taormina.

Agate à fond tranſparent obſcur avec taches d'un jaune vif, & petites parties laiteuſes, de Traina.

Agate à fond obſcur avec taches à ondes laiteuſes, & d'autres ſpathiques, de Traina.

Agate verte obſcure avec taches ſpathiques, du fleuve Ciappante.

Agate verte obſcure avec taches blanches opaques, & parties ſpathiques laiteuſes, du fleuve Acis.

Agate verte obſcure avec taches jaunes, & parties laiteuſes de couleur de calcédoine, des environs de Palerme.

Agate à fond ſpathique laiteux avec taches jaunes claires, & d'autres rouges, du Territoire de Miſſagno.

Agate à fond verdâtre clair avec taches jaunes claires, & d'autres laiteuſes de couleur de calcédoine, de la Moarda.

Agate à fond tranſparent ſpathique avec taches jaunes claires, & parties laiteuſes de couleur de calcédoine, du Territoire de Mont-Réal.

Agate blanchâtre opaque avec taches blanches laiteuses, de la plaine de Magli.

Agate à fond transparent avec taches jaunes lisérées de rouge, & d'autres laiteuses de couleur de calcédoine, de Castellaccio.

Agate jaune claire avec taches rouges pales, & d'autres laiteuses de couleur de calcédoine, du fleuve Orete.

Agate jaune vive avec taches laiteuses de couleur de calcédoine, & petites parties rouges, du fleuve Orete.

Agate jaune claire transparente avec taches jaunes obscures, & d'autres laiteuses spathiques de S. Stefano.

Toutes les autres espèces manquent en Sicile. Le hazard y fait quelque fois rencontrer des pierres d'hyrondelles, espèce d'agates lenticulaires, ou chélidoines minérales (*chelidonii*), mais ces trouvailles font si rares, que je n'ai pas cru devoir faire de ces substances un genre à part en parlant des agates de la Sicile. Au reste, toutes les remarques que j'ai faites sur les jaspes font également appliquables aux agates de ce Royaume.

CLASSE XIII.

DES CRISTAUX.

LA Sicile produit deux fortes de criftaux (*cryftalli*) : les premiers, & les plus brillans font ceux qui doivent leur origine à l'action des fels volcaniques ; on en trouvera la defcription dans ma *Théorie des Volcans* ; les feconds font naturels, & doivent être diftingués fous quatres dénominations différentes, c'eft-à-dire fous le nom de criftaux fédimenteux avec végétation véritable ; de criftaux fédimenteux avec végétation apparente ; de criftaux moufleux, & porreux, & de criftaux diaphânes, & fans défaut. Je ne parlerai que de ceux de la feconde efpèce.

SECTION I.

Des criftaux fédimenteux avec végétation véritable. (Cryftalli mufcofæ.)

1. *Criftal fédimenteux, de Sainte Cathérine.*

Ce criftal eft hexagonal, louche dans fa diaphanéité, & renferme dans fon fein un fédiment verdâtre, en forme de végétation provénant de la deftruction d'une mouffe véritable.

2. *Criftal fédimenteux, de Caftro-Gio-vanni.*

Ce criftal eft tout-à-fait femblable à celui de Sainte Cathérine, excepté que les branches mouffeufes qu'il renferme font plus entières & plus apparentes.

3. *Criftal fédimenteux, de Centorbi.*

Ce criftal eft plus louche que les deux précédens, & eft tout rempli de cette deftruction végétale, dont la diffolution a du naturellement influer fur la diaphanéité de ce criftal, dans le tems qu'il était encore dans un état liquide, & l'a rendu moins pure.

SECTION II.

Des Criftaux fédimenteux à végétation apparente. (Criftalli cariofæ. *Wal.*)

1. *Criftal fédimenteux en apparence, de San Giuliano.*

Ce criftal eft hexagonal, comme les autres, il a la même diaphanéité par intervalles; mais dans certaines parties il eſt plus clair. On voit, pour l'ordinaire, dans toute la longueur de la colonne priſmatique de ce criſtal, un ſédiment verdâtre qui ferait croire, que ce ſont des plantes effectives que cette ſubſtance renferme dans ſon ſein; mais à l'aide d'un microſcope, & avec les ſecours des eſſais chymiques, on reconnaît, que ce n'eſt qu'un dépôt terreux. On trouve de ces criſtaux dans pluſieurs montagnes de la Sicile, entre autre à Centorbi, & à Monte-Toro.

SECTION III.

Des Criſtaux mouſſeux, & poreux.
(Criſtalli cavernoſæ, armatæ.)

1. *Criſtal mouſſeux de Centorbi.*

Ce criſtal diffère des autres par une végétation mouſſeuſe copieuſe, qui occupe preſque tout le corps de cette ſubſtance; il eſt en outre plein de poroſités & de félures.

On en voit encore de la même ſorte à Calaſcibetta & à Caſtro-Giovanni.

SECTION IV.

Des cristaux diaphanes, & sans défauts.
(Crystalli pellucidæ.)

Ces cristaux sont très-rares en Sicile ; on en trouve cependant à Sainte Cathérine, leur configuration est prismatique, hexagonale, comme celle des autres ; leur diaphanéité est parfaite, & leur dureté égale à celle des cristaux de roche de Bohème.

CLASSE XIV.

DES PIERRES CALCAIRES EN GÉNÉRAL.

J'Ai déja plus d'une fois observé que la Sicile abonde en pierres calcaires, que même elle présente beaucoup de variétés dans ce genre. J'ai analysé leur nature dans ma *Lythologie* ; ici je ne ferai que les nommer, suivant l'ordre que j'ai observé dans l'Ouvrage, que je viens de citer.

CLASSE XV.

DES PIERRES DE MONTAGNE.

1. *Pierre calcaire blanchâtre de Catania.*
   Lapis calcareus albeſcens.
2. *Pierre calcaire jaunâtre de Syracuſe.*
   Lapis calcareus flaveſcens.
3. *Pierre calcaire griſâtre de Raguſe.*
   Lapis calcareus cinereus.

Les pierres calcaires de montagne (*calcareus rudis montanus*) ſont très-bonnes pour la bâtiſſe, & même en cas de beſoin elles pourraient ſervir pour en faire de la chaux. On les trouve par banc très-conſidérables ſur une gangue calcareo-arénaire, mais toujours ſur les flancs des montagnes.

CLASSE XVI.

DES PIERRES A CHAUX.

LA pierre à chaux (*lapis calcareus communis*) est de la nature de la pierre calcaire de montagnes; mais elle est plus pure, & par conséquent préférable à l'usage auquel on la destine. Voici les principales espèces de celles de ce genre que fournit la Sicile.

1. *Pierre à chaux de Girgenti.*
2. *Pierre à chaux de Cacamo.*
3. *Pierre à chaux de Mezzoiuso.*
4. *Pierre à chaux d'Aragona.*
5. *Pierre à chaux de Gibico.*
6. *Pierre à chaux de Racusa.*
7. *Pierre à chaux d'Alcamo.*
8. *Pierre à chaux de Petrala.*
9. *Pierre à chaux de Gian-Cavallo.*
10. *Pierre à chaux de S. Martin.*

Toutes les chaux qui proviennent de ces pierres sont excellentes; cependant celle de Mezzoiuso, & celle de S. Martin sont les plus estimées. Ces pierres viennent également en bancs considérables, & ont la même gangue que les précédentes. On trouve souvent ces pierres dans des bas fonds.

CLASSE XVII.

DES TUFS COQUILLERS CALCAIRES.

LA Sicile est plus abondante en tufs calcaires (*tophus calcareus*) qu'en tufs glaizeux (*tophus argillosus*); elle offre principalement ces variétés dans ce genre :

1. *Tuf calcaire de Syracuse.*
2. *Tuf calcaire du Cap-Passaro.*
3. *Tuf calcaire de S. Martin.*

Et une infinité d'autres, qu'il est inutile de rapporter. Ces tufs sont remplis de coquilles, pour l'ordinaire du genre des univalves; ils se trouvent en bancs sur les flancs des montagnes; on en rencontre souvent des sacs dans le sein des montagnes; ils ont pour gangue tantôt une pierre arénaire, & tantôt un sable mêlé de gravier.

CLASSE XVIII.

DES MARBRES.

TOute l'Europe connaît la beauté des marbres (*marmor*) de la Sicile ; mais peu de personnes savent le nombre prodigieux des différentes sortes de substance de cette espèce que produit ce pays. Je vais ici en rapporter les noms seuls, renvoyant mes Lecteurs à ma *Lythologie* relativement à la nature & à la formation de chaqu'un d'eux en particulier.

SECTION I.

Marbre à une couleur. (Marmor unicolor. *Wal.*)

Marbre gris rougeâtre de Trapani.
Marbre jaune clair de Castronovo.
Marbre gris commun de Castello-à-mare.
Marbre rouge pale de Castello-à-mare.
Marbre blanc sale de Castello-à-mare.
Marbre blanc vif de Castello-à-mare.
Marbre noir de S. Maria del Bosco.
Marbre noir tirant sur le gris de S. Maria del Bosco.
Marbre verdâtre couleur vert de Pomme, de Bisachino.

Marbre obscur, de Bisachino.
Marbre blanc laiteux, de Bisachino.
Marbre jaune, de Corleone.
Marbre gris, de Corleone.
Marbre couleur de chair, de la plaine des
   Grecs.
Marbre rouge, de la plaine des Grecs.
Marbre rouge pale, de la plaine des
   Grecs.
Marbre verdâtre, de la plaine des Grecs.
Marbre noir tirant sur le gris, de la plai-
   ne des Grecs.
Marbre jaune, de la plaine des Grecs.
Marbre rouge ordinaire, de Taormina.
Marbre gris ordinaire, de Bilemi.
Marbre couleur de tabac d'Espagne clair,
   de Castellaccio au dessus de Mont-Réal.
Marbre verdâtre, du fleuve de Cefalu.

SECTION II.

Marbre panaché. (*Marmor maculosum Wal.*)

Marbre rouge à taches obscures, de Tra-
   pani.
Marbre rouge à taches vertes, de Trapani.
Marbre à taches vertes & blanches, de
   Trapani.
Marbre *bigio bianco*, ou gris à taches
   blanches, de Trapani.

G 3

Marbre *bigio* ou gris à taches obfcures, de Trapani.

Marbre gris, jaune & rouge, de Trapani.

Marbre gris à taches pales, de Trapani.

Marbre gris à taches blanches & jaunes, de Trapani.

Marbre gris à taches fanguines, de Trapani.

Marbre pierre couleur de chair dite *Gibillina*, de Trapani.

Marbre à petits grains jaunes, & rouges, dit en Sicilien *Pidichiufa*, de Trapani.

Marbre de la même efpèce, mais à grains plus gros, de Trapani.

Marbre rougeâtre à taches obfcures, de Trapani.

Marbre rougeâtre à taches plus vives, de Trapani.

Marbre jaune à taches rouges, de Caftronuovo.

Marbre jaune avec taches jaunes fales & autres obfcures, de Caftronovo.

Marbre rouge avec taches pales, de Taormina.

Marbre rouge à taches noires, de Taormina.

Marbre rouge à taches blanches, de Taormina.

Marbre rouge à taches de différentes couleurs, de Taormina.

Marbre rouge avec taches laiteuſes, de Taormina.

Marbre rouge pale avec taches rouges fon- cées, de Taormina.

Marbre rougeâtre avec taches tirant ſur le bleu, de Taormina.

Marbre jaune avec taches noires & blan- ches, de Taormina.

Marbre verdâtre avec taches tirant ſur le bay, de Taormina.

Marbre tacheté de blanc, & de rouge, de Taormina.

Marbre rouge picoté de blanc, de Caſtel- lo-à-mare.

Marbre rouge, & blanc, de Caſtello-à- mare.

Marbre blanc, & noir, de S. Maria del Boſco.

Marbre noir & jaune à taches & lignes jaunes, eſpèce de Porte-or, de S. Ma- ria del Boſco.

Marbre blanchâtre avec taches jaunes, de Biſachino.

Marbre rouge avec taches griſes, della Rocca delli Panni.

Marbre rouge avec taches jaunes, de la plaine des Grecs.

Marbre jaune & vert, de la plaine des Grecs.

Marbre verdâtre avec taches blanches & rouges, du fiéf de l'occhio.

Marbre rougeâtre avec taches & veines blanches, du fiéf de l'occhio.

Marbre jaune avec taches blanchâtres, du fiéf de l'occhio.

Marbre gris avec taches noires, de Gallo.

Marbre noir tirant fur le gris avec veines blanches, de Gallo.

Marbre changeant à nuances lilas , de Taormina.

Marbre rouge ordinaire à petites taches, de Trapani.

Marbre verdâtre à veines blanches, du fleuve de Cefalu.

Marbre blanc fale avec taches obfcures, du fleuve de Becchivelle.

Marbre vert à petites veines blanches , & petites taches fanguines, du fleuve de S. Carlo près de Termini.

Marbre vert à groffes veines blanches avec taches vertes foncées, & petits points de couleur de fang.

Marbre héliotrope Sicilien, du Duché de la Verdura.

Marbre ondé de vert clair jaunâtre & de vert foncé, du fleuve de S. Calogero près de Sciacca.

Marbre gris blanchâtre approchant de la bardille, des Genes de Sciacca.

Marbre à fond gris avec taches obscures
& à veines jaunes, de Bilemi.

Marbre vert clair avec taches vertes plus
foncées, de Salonichi.

Marbre blanc sale avec taches & lignes
noires, du territoire d'Alia.

Marbre nuancé de rouge avec de grandes taches couleur de calcédoine du
fleuve de Niso.

SECTION III.

Marbre breche. (Breccia marmorea. *Wal.*)

Marbre breche gris, & blanc à grandes
taches, du territoire de Gallo.

Marbre breche à taches couleur de chair,
nuancé très-faiblement, de Gallo.

Marbre breche couleur de calcédoine avec
taches, & veines blanches sales. On
appelle pour l'ordinaire ce marbre en
Sicilien *Pidichiusa*, de Gallo.

Marbre breche grise avec veines jaunes,
& taches couleur de calcédoine, de Gallo.

Marbre breche à taches noires, de Gallo.

Marbre breche à fond rouge foncé avec
taches jaunes & blanches sales, de Taormina.

Marbre breche à reflets, de Castellaccio.

Marbre breche obscure, de Castellaccio.

Marbre breche bâtard à grain de filex, des environs de Palerme.

Marbre breche jaune à grains plus clairs filiceux, de Trapani.

Marbre breche gris, des environs dei Colli.

Marbre breche gris à petits grains, efpèce de *Pudington* à une feule couleur, & à trois nuances.

Marbre breche gris foncé à veines blanches, autre efpèce de *Pudington*, des environs dei Colli.

Beaucoup de perfonnes croient que cette prodigieufe variété de marbres de la Sicile ne provient que de l'art des marbriers qui, par une taille étudiée, ont le talent d'offrir cinq à fix nuances différentes dans le même bloc, & en font autant des pierres ou des marbres féparés. Ces tromperies peuvent réuffir avec ceux qui ne connaiffent les pierres d'un pays que fur les petits échantillons, qu'ils s'en font faire. Mais quant à moi, j'ai pouffé plus loin ma curiofité : j'ai courru moi-même toutes les carrieres de la Sicile ; & c'eft d'après un rigide examen de tous ces marbres, que j'en ai entrepris l'énumération, & la defcription. Travail que j'ai déja préfenté au Public dans ma Lythographie, & dans ma Lythologie.

CLASSE XIX.

DES ALBATRES.

MOins riche de beaucoup en albâtres (*alabastrum*), qu'en marbres la Sicile, en offre cependant de très-belles variétés: en voici les principales.

1. Albâtre blanc à grains salins, de Trapani.

2. Albâtre obscur veiné de jaune & de brun, du territoire de Saguna.

3. Albâtre blanc sale, de Trapani.

4. Albâtre ondé de rouge vif, avec veines jaunes, & lignes couleur de sang, des environs de Mont-Réal.

5. Albâtre veiné de jaune clair & de blanc sale, du territoire de Caputo.

6. Albâtre à veines étroites, jaunes foncées, & d'autres noires, & obscures, du Mont-Pellegrino.

7. Albâtre obscur à taches jaunes, & veines blanches, du Mont-Pellegrino.

8. Albâtre ondé de jaune, & blanc, du Mont-Pellegrino.

9. Albâtre blanc sale avec lignes rouges, & jaunes, du Mont-Pellegrino.

10. Albâtre jaune clair avec lignes rouges, & d'autres obscures, du Mont-Pellegrino.

11. Albâtre couleur de chair, de Trapani.

12. Albâtre veiné de brun, à fond jaune clair, de Malthe.

13. Albâtre jaune clair, à petites taches blanches, de Malthe.

14. Albâtre jaune couleur de citron, en forme de congellation, de Malthe.

15. Albâtre ondé de noir, de blanc, & d'obfcur, de Malthe.

16. Albâtre jaune clair avec petites taches blanches, de Malthe.

Tous ces albâtres font remplis de variétés qu'il eft impoffible de décrire; j'ai taché cependant d'en donner l'analyfe autant que j'ai pu dans ma Lythologie Sicilienne.

Mr. Wallerius dans fon *fyftema mineralogicum* rapporte page 161. titre *alabaftrum nigricans*, qu'à Trapani en Sicile il y a un albâtre noir qui, fuivant lui, reçait l'intenfité de fa teinte d'une matière bitumineufe. Un changement d'étiquette l'aura enduit en erreur. Jamais la Sicile n'a produit d'albâtre noir; même cette teinte ne s'apperçait que dans celui de Malthe n. 15.; encore ne font ce que des veines noires très-fines, qui circulent dans les panaches de cette fubftance. Quant à ceux de Trapani, ils ne font que de deux efpèces, l'u-

ne eſt ce célèbre albâtre couleur de chair
dont nous avons décrit l'ingénieux emploi;
& l'autre eſt un albâtre blanc à grains
ſalins, tel que Mr. Wallerius l'a décrit ſous
le titre d'*alabaſtrum candidans*. Les albâtres, comme toutes les concrétions, viennent dans des lieux humides, & pour l'ordinaire dans des bas fonds. On les trouve
par ſauts, & ſur toutes ſortes de gangues.

CLASSE XX.

DES STALACTITES, DES STALAGMITES, DES STÉLÉCHITES, ET DES OSTÉOCOLES.

1. *Stalactite blanche laiteuſe*, des environs de S. Cathérine.
2. *Stalactites brunes*, des environs de
Syracuſe.
3. *Stéléchyte brune jaunâtre*, de Centorbi.
4. *Oſtéocole jaunâtre*, de Jaci-Réale.
5. *Oſtéocole blanche ſale*, de la Trizza.

Les ſtalactites (*porus aqueus ſtillatitius*)
doivent leur exiſtence à des eaux inter-
calaires, qui tranſudent à travers les rochers; leur formation eſt toujours par jux-

ta-pofition. Les ftalactites ne diffèrent des ftalagmites , que parceque ces premières fe trouvent attachées à la voute des grottes par la bafe de la quille; au lieu que les fecondes s'élèvent du fond en forme de pain de fucre. Beaucoup de pays fournif-fent des variétés très-agréables dans ce gen-re, fur tout les mines de fer de la Stirie, auffi a-t-on donné le nom de *flos ferri* aux ftalactites rameufes qui en proviennent. On peut confulter à ce fujet les Mem. de l'Acad. des Sciences de Paris an. 1754. page 160.

La ftéléchyte , & l'oftéocole font des concrétions topheufes à bafe végétale, dans le gout de celles de Narni , de la grotte de Neptune à Trivoli , de celles de Peft près de Naples &c. Toutes ces concrétions font bien peu nombreufes en Sicile. Leur gangue n'eft jamais certaine; car les eaux qui les font naître les dépofent également fur toutes fortes de fubftances.

CLASSE XXI.

DES LUMACHELLES.

MOnſieur Wallerius place les lumachel-les (*marmor lumachella*) à la ſuite des marbres, & ſe contente de les diſtinguer par la phraſe ſuivante, *marmor petrefactis teſtaceis integris, vel fractis compoſitum, marmor teſtaceum* : apparemment qu'il n'a point fait attention à la différence eſſentielle qui ſe trouve entre le marbre coquiller, comme celui de Bilemi, & la vraie lumachelle. Le marbre coquiller eſt un marbre de différentes couleurs renfermant, par hazard, quelques coquilles ſeulement ; au lieu que la lumachelle eſt une pierre *ſui generis*, toute compoſée de débris de coquilles, comme celles de Trapani, de Cefalu, & une autre lumachelle de Bile-mi, qu'il ne faut point confondre avec le marbre coquiller du même endroit, dont j'ai parlé ci-deſſus.

CLASSE XXII.

DES SPATHS CALCAIRES.

LEs fpaths calcaires (*fpathum calcareum*) font affez abondans en Sicile, j'oferai même dire qu'ils y font communs ; mais en général on n'y remarque aucune de ces belles variétés qui ont fi juftement fixé l'attention de nos plus grand Minéralogiftes, & particulièrement celle du célèbre Scopoli, au point qu'il crut devoir confacrer un ouvrage féparé à leur analyfe. La Sicile ne produit que les fpaths fuivans :

1. Spath colonnaire de Sainte Cathérine. Mr. de Bomare l'appelle *fpathum filamentofum, aut columnare.* Dans beaucoup d'endroits il a l'air d'être un morceau d'asbefte. Ce fpath eft le plus rare de ceux qu'on trouve en Sicile. Mr. Wallerius n'en fait point mention dans fon *fyftema miner.* Les parties compofantes de ce fpath font parallélepipedes oblongues.

2. Spath pyramidal triangulaire de Centorbi, Mr. Wall. l'appelle *fpathum cryftallifatum, hexangulare, pyramidale, fuperficie aculeata.* Ce fpath ne paraît triangulaire que par l'arrangement des parties py-

ramidales

ramidales, qui le compofent. Il eft très-fer-
rugineux, & fa furface eft toujours re-
couverte d'une croute ochracée.

3. Spath à criftallifation irrégulière des
environs du Mont-Réal, c'eft le *fpathum
cryftallifatum hexangulare prifmaticum,
oblique truncatum.* La manière indéterminée dont ces angles font tronqués m'ont
engagé à le préfenter fous l'appellatif de
fpath à criftallifation irrégulière, vu qu'on
ne peut reconnaître aucun principe fixe
dans fa configuration extérieure.

4. Spath à criftallifation irrégulière, en
grandes maffes pour l'ordinaire, mais inter-
rompues par des filons métalliques, della
Limina. Ce fpath eft une variété de l'efpèce précédente; il n'en diffère même que
par un dégré de blancheur de beaucoup
plus éclatant que celui du n. 4. Comme
ce fpath fe trouve continuellement avec le
plomb & avec l'argent de la mine de Limina, je foupçonne ces métaux, & fur-
tout le premier, d'influer puiffamment dans
ce rechauffement de teinte. Voyez l'artic.
des minéraux riches de la Sicile.

5. Spath cubique, tranfparent, de Caftro-
Giovanni, c'eft le *fpathum cubicum poligo-
num* Wall.; il eft très-pur & très-rare en
Sicile.

H

CLASSE XXIII.

DES PIERRES RÉFRACTAIRES.

ON appelle pierres réfractaires toutes celles, qui manifestent une double affinité avec les pierres vitrifiables, & les pierres calcaires, c'est-à-dire, dont les parties composantes tantôt peuvent être mises en fusion, & tantôt font effervescence avec les acides. De cette nature sont celles des Classes suivantes.

CLASSE XXIV.

DU GYPS.

1. GYps à petits grains, de Girgenti, c'est le *gypsum particulis minimis, indistinctis, facie terrea, gypsum æquabile.* Wal. On le trouve en masses de différentes grandeurs; ses parties composantes sont d'une configuration indéterminée, mais assez fortement unies ensemble. Ce gyps, ainsi que tous les autres, étant calciné & arrosé, manifeste une odeur assez fétide. On trouve quelque fois dans le sein de

ces masses des rhombes gypseux parfaits ; mais ces accidens sont rares.

2. Gyps cristallisé de Castro-Giovanni, c'est le *gypsum solidum, pellucidum, fibrosum, selenites solidus*. Wal. Ces parties sont si déliées, & en même tems si fortement cimentées l'une à l'autre, qu'il est impossible d'en déterminer la figure première. Mr. Wallerius les croit d'une configuration fibreuse : quant'à moi je les estimerai plutôt vrais rhombes, mais très-allongés, comme ceux du gyps de Modène. La transparence de ce gyps est très-grande, au point même qu'au premier coup d'œil il a l'air d'un spath.

3. Gyps cristallisé en grouppes de Castro-Giovanni, c'est le *gypsum spathosum, globosum, opacum, selenites globosus*. Vogel. 160. La cristallisation de ce gyps, qui m'a paru la même au premier coup d'œil que celle des gyps précédens, & que j'ai même annoncée comme telle dans ma *Lythologie* pag. 177., est cependant différente. Ce gyps se présente sous une forme globulaire, avec une teinte jaunâtre pale. Sa cristallisation est lamelleuse; mais ses lames ne sont point couchées horizontalement les unes sur les autres; tout au contraire elles partent d'un centre

commun à chaque globe pour aboutir à la circonférence, où les extrémités s'arrondissent. Un morceau de ce gyps sera composé de 7. ou 8. de ces globes, & chaque globe aura à peu près un pouce de diamètre; j'en ai vu un de deux pouces trois lignes, & un'autre de 7. lignes seulement. Ce gyps est opaque.

4. Gyps spéculaire de Girgenti. C'est le *gypsum lamellare pellucidum, lamellis rhomboidalibus.* Wal. On le trouve en masses plus, ou moins considérables sans aucune configuration déterminée à l'extérieur; cependant ses parties composantes, qui paraissent à l'œil n'être que des lames très-minces, sont rhomboidales. On appelle ce gyps spéculaire, à cause de la surface plate & lisse qu'il présente au déhors. C'est le *glacies mariæ* du commerce. Voyez ma *Lythologie* pag. 177.

De tous ces gyps on fait du plâtre en Sicile, mais celui, qui provient du moellon réfractaire, est le meilleur de tous.

CLASSE XXV.

DE LA PIERRE A PLATRE, OU MOELLON RÉFRACTAIRE.

LE moellon réfractaire (*calcareus refra-ctarius*) n'eft autre chofe qu'un gyps moins pur, & plus rempli de particules calcaires, on en trouve dans toutes les carrières de gyps, & particulièrement dans celle de Girgenti.

Cette pierre produit un plâtre excellent, foit pour la blancheur éblouiffante qui lui eft naturelle, foit par la ténuité de fes parties, & pour fa qualité abforbante, qui en forme un très-bon ciment. On trouve le moellon réfractaire toujours entremêlé de pierres vitrifiables, & de terre calcaire; dont la préfence influe infinement fur la double nature de la pierre. J'ai cru y re-connaître auffi la préfence d'un ochre fer-rugineux, mais très-faible.

CLASSE XXVI.

DES ALABASTRIDES.

L'Alabaftride, ou alabaftrite (*alaba-ftrides*) eft une de ces fubftances fur lesquelles, à force de difputer, les Minéralogiftes n'ont rien décidé encore. Pott, & Mr. Wallerius l'ont claffée avec les albâtres, Agricola l'appelle *marmor alaba-ftrites*, & la regarde comme une variété des marbres ; Kentman lui donne cette dénomination : *gypfum globofum, quod marmoris modo nitet, & micat*, & en conféquence la place parmi les gyps. Enfin Mr. de Bomare la regarde comme une ftalactite, ainfi que tout albâtre, avec la différence feule que l'un eft un produit calcaire, & l'autre un produit gypfeux.

Qu'il foit permis d'ajouter à ce dernier avis, que j'adopte de préférence, qu'il n'y a d'autre différence entre les ftalactites ordinaires, & les alabaftrides, que celle des lieux où elles fe forment. Les premières, naiffant à un air découvert, fuivent dans leur configuration la loi de la pefanteur de la goutte fluido-pierreufe, qui leur donne l'être, & par conféquent fe

préfentent toujours en cannes alongées, &
plus épaiffes par la bafe, ou en ramifica-
tion fleurie, ce qui émane de la végétation des principes métalliques, qui s'y trouvent; au lieu que les fecondes fe forment
dans des bas fonds, dont tout le vuide
fe trouve rempli par cette humeur aqueo-
terreufe, dans laquelle chaque goutte
tombante forme des panaches accidentels;
& qui en fe durciffant, à la longue conftituent des blocs alabaftrins, qui fe trouvent toujours en facs, & non en filons
comme les albâtres; de cette qualité font
les fuivans.

1. *Alabaftride jaune claire, ondée de
blanc, de l'Ile de Goz;* elle eft très-
claire.

2. *Alabaftride ondée de rouge & de
jaune foncé, de Taormina;* celle-ci
eft plus réfractaire.

3. *Alabaftride blanchâtre avec des petites taches vertes & jaunes, du
fleuve de Nifo;* cette dernière eft la
plus réfractaire de toutes.

CLASSE XXVII.

DES SPATHS FUSIBLES RÉFRACTAIRES.

LEs spaths fusibles réfractaires (*spathum refractarium*) ne sont point rares en Sicile; on y distingue même diverses variétés, entre autres les suivantes.

1. Spath fusible verdâtre de Centorbi, c'est le *spathum tessulare viridescens* de Wall. Il est opaque pour l'ordinaire ; mais bien souvent l'acide phosphorique qui le cimente, l'éclaircit, & fait mieux appercevoir la teinte verdâtre, que lui est naturelle.

2. Spath fusible verdâtre strié de Castro-Giovanni. Ce spath est une variété du précédent; je ne le distingue qu'à cause d'une limpidité majeure, & des stries de sa surface, dont il est redevable je crois, à la décomposition des pyrites arsénicales dont il abonde plus encore que le spath précédent.

3. Spath fusible blanchâtre, de Carlentini, c'est le *muria lapidea phosphorans* de Linneus; il est d'une transparence louche & laiteuse, & je le crois de la qua-

lité de celui, que Mr. de Bomare distingue par le nom de spath fusible vitreux, espèce de Pétunsé; il se trouve dans les fissures des rochers, dans des espèces de poches.

4. Spath feuilleté de le Vallée de Noto, c'est le *spathum lamellosum molle* de Wal. ou le *spathum solubile diaphanum fissile*, *album* de Linneus. Ses parties composantes sont parallélepipedes, mais tronquées de manière qu'elles paraissent rhomboidales. La friabilité de ce spath est extrême au point même qu'on l'écrase sous les doigts. Son extérieur est lamelleux, & ses lames ne suivent point d'ordre fixe dans leur arrangement; on le trouve comme le précédent entre les rochers.

CLASSE XXVIII.

DES PIERRES SUILES, ET DES PIERRES HÉPATITES.

LA Sicile n'a que deux sortes de pierres suiles (*lapis suilus*): celles qui viennent de Centorbi sont plus phosphoriques, & manifestent une odeur d'urine plus forte dans le moment du frottement; & celles de la Vallée de Noto font plus calcaires. La pierre de Girgenti qu'on appelle *hépatique*, ne l'eft point de tout ; ce n'eft qu'une variété des pierres fuiles de ce pays. Je crois qu'on lui a donné le nom d'hépatique à caufe de fa couleur extérieure qui tire fur la teinte du foie d'animal; mais elle n'a aucune des qualités, qui conftituent les vraies pierres hépatiques, ou hépatites.

CLASSE XXIX.

DES ZÈOLITES.

MAlgré les travaux du Baron de Cronfted, & la claffification des corps zéolitiques par Mr. Wallerius, nous n'avons encore rien de pofitif fur ces fubftances. Cette incertitude m'engage à préfenter les réfultats de mes opérations au Public. Peut être, ainfi que je m'en flatte, ai-je eu le bonheur de découvrir le fecret de la formation de ces pierres, du moins cette croyance eft elle étayée par la méthode fûre, que je donne pour faire des zéolites (*zéolites*) artificielles. Avant tout je rappellerai ce que j'ai dit à ce fujet dans ma *Lythologie*, que j'avais reconnu deux fortes de zéolites : les unes entièrement Volcaniques, & fous la Claffe desquelles je range les fchorles, les tourmalines, les criftaux d'étain, & les autres produites par la voie humide, que l'on peut divifer à leur tour en zéolites criftallifées, & non criftallifées. L'analyfe des zéolites de la première efpèce appartient à ma *Théorie des Volcans*; & c'eft dans cet ouvrage qu'on trouvera tous les détails, qui leurs font rélatifs. Je me borne dans ce moment à l'examen foncier de celles que je regarde comme fimples produits d'agrégation graduée, mais lente. Les zéolites que j'appelle naturelles fe foudivifent, comme nous l'avons dit, en zéolites criftallifées, & en zéolites fans aucune criftallifation régulière. Les premières font produites par la terre Magnefiaque ou Magnèfie, combinée avec l'acide marin & l'acide vitriolique, efpèce de fel d'Epfom; auquel au joint un peu d'alkali volatil cauftique. Ayant fait cette découverte, je ne favais fi je devais y ajouter foi, & fi je ne devais pas plutôt confidérer mes réfultats comme fautifs, & mes conclufions comme un peu hazardées, lorfque j'ai reçu fur le même fujet

une lettre de Mr. le Docteur Attiglio Zuccagni Sous-Directeur du Cabinet d'histoire
naturelle du Grand Duc de Toscane, Naturaliste profond, & Chymiste aussi rigide
pour lui que pour les autres.

„ Monsieur le Comte, nous avons si
“ souvent parlé ensemble de l'origine des
“ zéolites, & sur tout des principes qui
“ occasionnent en elles cette singulière cri-
“ stallisation, qu'on admire avec tant de
“ raison, que je me suis senti enflammé
“ du plus vif désir de connaître le pro-
“ cédé, que suivait la nature dans leur
“ formation. Après plusieurs tentatives inu-
“ tiles, je me suis rappellé ce que nous
“ avions observé rélativement aux pro-
“ priétés de la terre de Magnèsie. Cette idée
“ m'en a fait naître d'autres, & après
“ beaucoup d'expérience je suis heureuse-
“ ment parvenu à débrouiller ce cahos :
“ découverte que je crois devoir vous
“ communiquer, puisqu'elle est née entre
“ nous (a). Voici le resultat de mes opé-

(a) Ce que dit Mr. le Docteur n'est qu'un pur effet
de modestie; car comme nous avons travaillés tous les
deux séparemment, & sans nous communiquer nos observations, cette découverte dévient originale pour lui,
comme pour moi. Même il a un mérite de plus, qui
est celui d'avoir exposé ses remarques dans un jour
plus lumineux, que je ne l'avais fait.

“ rations : le sel d'Epsom est un sel neu-
“ tre composé de terre de Magnèsie com-
“ binée en partie avec l'acide vitriolique,
“ & en partie avec l'acide marin ; cela est
“ demontré clairement par les sels neutres,
“ que l'on en obtient, en décomposant
“ ce sel par le moyen de quelque alkali.
“ J'ai tenté de le décomposer à l'aide de
“ l'alkali volatil ammoniacal, ou pour di-
“ re mieux de l'alkali volatil retiré du sel
“ ammoniac, par le moyen du sel de
“ tartre ; & dans ce mêlange j'ai eu oc-
“ casion d'observer un phénomène digne
“ d'être remarqué par un Naturaliste com-
“ me vous. Cet alkali volatil que nous
“ appellerons *alkali doux*, pour le distin-
“ guer de celui, qu'on appelle commu-
“ nément *caustique*. Cet alkali volatil, dis-
“ je, n'a pas la force de précipiter d'au-
“ cune manière la terre du sel d'Epsom.
“ Ayant fait ce mêlange, les deux sels
“ neutres qui provenaient de l'union des
“ deux acides, ci-dessus annoncés, avec
“ l'alkali volatil doux, tenaient cette ter-
“ re en dissolution dans le même état,
“ dans lequel elle se trouvait avant que
“ le mêlange fût fait ; tout au contraire
“ à peine eus-je mêlé l'alkali volatil caus-
“ tique avec la dissolution du sel d'Ep-

« fom, qu'il s'eft uni aux deux acides
« qui ont opérés cette diffolution, & qu'il
« a fait précipiter incontinemment la terre
« de Magnèfie fous la forme d'un muci-
« lage blanchâtre. Cette obfervation offre
« aux Chymiftes un nouveau moyen pour
« découvrir la nature de cette terre, lorf-
« qu'elle eft unie avec quelque acide : &
« l'alkali volatil doux, dans ce moment
« devient un réactif chymique, un vrai
« toucheau fûr, qui prouve la préfence
« de cette terre, ne pouvant la précipiter;
« effet qu'il produit au contraire fur la
« terre calcaire, que cet alkali a la force
« de féparer de toute menftrue faline quel-
« conque, en la faifant précipiter. Mais
« revenons à notre expérience. Ayant la-
« vé, & bien edulcoré cette terre dans
« l'eau diftillée à plufieurs reprifes mêmes,
« j'ai remarqué qu'elle fe criftallifait, en
« fe réuniffant en autant de petits globes
« tous recouverts fur leur furface de pe-
« tites pointes très-déliées, qui les affimi-
« laient à des marons armés de leurs épi-
« nes. En rompant ces globes, j'ai obfer-
« vé qu'ils font compofé d'une agréga-
« tion de fibres, & d'aiguilles de couleur
« argentine, qui tous partent du centre
« de ces globes, & vont aboutir à la

" furface extérieure des mêmes. En un
" mot la criftallifation de ces globes eft
" tout à fait analogue à celle de la zéo-
" lite, & comme cette fubftance n'a pas
" encore été examinée attentivement par
" perfonne, j'oferai décider que la zéo-
" lite eft compofée par la terre de Ma-
" gnèfie combinée, comme je l'ai dit ci-
" deffus, avec les fubftances annoncées,
" & puis criftallifées fous cette forme.
" Veuillez me dire là-deffus votre avis,
" j'en changerai, fi vous n'approuvez pas
" le mien . . . .

D'après cette expérience de Mr. le Docteur Zuccagni, & d'après ce que j'ai obfervé moi-même à cet égard je pencherai
également à croire, que la zéolite crif-
tallifée doit fa formation à l'agrégation
des molécules de la terre de Magnèfie,
que les propriétés des acides marins &
vitrioliques, & de l'alkali volatil cauftique
engagent à fuivre cette forme particulière
de criftallifation.

Quant aux zéolites fans aucune forme
de criftallifation, nous avons remarqué,
qu'elles proviennent de la même terre de
Magnêfie détrempée par les mêmes acides,
mais fans l'addition de l'alkali volatil cauftique.

On s'en perfuadera aifément en faifant attention aux propriétés fuivantes.

1. Les zéolites font moins dures, que les pierres de fubftance vitrifiable & plus dures que celles qui proviennent de l'union des molécules calcaires.

2. Elles fondent aifément, & à un feu médiocre fans l'addition d'aucun flux.

3. En fe fondant, elles forment un verre métallique.

4. Elles font diffoutes par les acides, fans manifefter aucune effervefcence.

5. Humectée par l'alkali phlogiftiqué elles produifent un affez beau bleu de Pruffe. Tout cela prouve une très-grande affinité avec la terre de Magnèfie, ou plutôt la préfence réelle de cette terre. La plupart de ces obfervations ont déja été faites par plufieurs Minéralogiftes, & particulièrement par Mr. Wallerius; mais perfonne n'en a tiré la conclufion que je me fuis enhardi à préfenter au Public, y étant engagé par l'analogie des rapports, qui affimilent les deux fubftances dans les réfultats des opérations chymiques. C'eft au tems à étayer cette découverte.

Centorbi & le fleuve de Nifo produifent encore une zéolite fpathique de nature vitrifiable, fufible & colorée diverfement,

fuivant

ſuivant les principes qui pénètrent ſa ſubſtance : mais elle eſt rare dans cet état,
& de cette nature.

Les zéolites ſe trouvent pour l'ordinaire
ſous la forme roulée d'un gros caillou plus
ſphérique qu'ovale ; on les rencontre communément dans les fiſſures des rochers.
Au premier coup d'œil leur configuration
extérieure ferait juger que c'eſt aux eaux
des torrens, qu'elles doivent leur forme
roulée ; mais l'examen de la criſtalliſation
uniforme des zéolites, compoſée d'une infinité de rayons plus ou moins brillans, &
partant tous d'un centre commun pour
aboutir à la périphérie du globe, font reconnaître l'ouvrage immédiat, & ſponta-
né de la nature, autant dans ſon extérieur,
que dans ſes parties conſtituantes.

CLASSE XXX.

DES SILEX CRÉTACÉS OU PÉTRO-SILEX.

BIen différens des filex vitrifiables (*fi-lex*), les filex crêtacés (*petro-filex*) doivent leur formation à une exacte union des terres calcaires & vitrifiables, forte-ment cimentées par l'acide vitriolique ; voyez ma Lytholog. fur cet article pag. 186.

Accoutumé à confulter la nature dans fes propres effais, à épier fes démarches pour pouvoir la prendre fur le fait dans la formation de fes produits, j'ai vu plus d'une fois ma peine récompenfée par la découverte d'une vérité ancienne dans fon exiftence, mais nouvelle pour nous. C'eft ainfi, que j'ai eu la connaiffance de l'origine des roches de corne, de celle des asbeftes &c. C'eft de la même manière que l'examen des filex crêtacés m'a offert des nouvelles notions, dont je n'ai pas pu pouffer plus loin l'analyfe, mais qui fe font vues couronnées du plus flatteur fuccès par les travaux d'un homme célèbre par fes lumières, & déja connu dans la République des lettres par plufieurs ouvrages inftrutifs & intéreffans : je parle de Mr. le Doçteur Giovanetti. Je vais avant tout donner l'expofé de mes obfervations comme de beaucoup antérieures.

Sujet aux loix de la viciffitude, le fi-lex crêtacé fe décompofe auffi à la longue, fans qu'on puiffe cependant avec quelque certitude affurer un terme fixe à cette dé-compofition. La défunion de fes parties conftituantes s'opère de deux manières ; en une émanation liquide, & dans un état de ficcité parfaite. Dans le premier cas cette pierre ce trouve toute couverte de gouttes, efpèce de tranfpiration, qui paraît tranfuder à travers des molécules pierreu-fes, ou plutôt des pores de la pierre. Ces gouttes avec le tems fe réuniffent, s'amaf-fent dans les creux, & enfin fluent juf-qu'à ce que leur épaiffiffement les glace dans quelque enfoncement, fous la forme d'une efpèce de gelée minérale. Par tout ou ce fluide pierreux a paffé, on voit qu'il a dépofé une efpèce de vernis, ou d'émail blanc dur, & en couches minces abfolument femblable à celui, qui recou-vre la partie calcaire de nos dents. La fe-conde décompofition des filex crêtacés of-fre le phénomène fuivant. Le banc fi-liceux, fe trouvant au moment de la dé-

compofition de fes parties conftituantes,
voit défécher fa furface extérieure, à un
point de deffication très-aride. Ses gerçures
naturelles fe rempliffent d'une pouffière médiocrement fine, & d'un blanc de lait jaunâtre, qu'on reconnaît être de l'argile blanche ordinaire, provenue de la féparation
de la terre vitrifiable d'avec la terre calcaire, que nous avons réconnue être la
bafe des filex crêtacés. Tout ce qui ne fe
décompofe point forme un fquellette de
pierre, poreux, déchiquetté; & qui plus
eft faifant effervefcence avec les acides
dans le tems, que la terre argileufe provenue de la décompofition, n'en produit
aucune. Voila ce que j'ai obfervé, le manque de tems, & d'occafions favorables
m'a empêché de pouffer plus loin mes ana-
lyfes. Cette découverte était réfervée à Mr.
le Docteur Giovanetti, qui n'a encore rien
écrit fur ce fujet, il eft vrai, mais qui
s'eft fait un plaifir de manifefter fes vues
à plufieurs perfonnes, & à moi-même. La
décompofition des filex crêtacés ou pétro-
filex, en formant cette terre argileufe en
poudre, fournit fuivant lui à la nature une
nouvelle réproduction; & dans la cimentation de ces molécules terreftres, féparées
conftitue une vraie calcédoine, ainfi qu'on

peut le reconnaître par les dépôts de cette pierre, formés dans les fissures des silex à moitié décomposés; par les stries calcédonieuses qui recouvrent ces silex, &c. Plusieurs Naturalistes ont examiné ce produit, & en ont été persuadés. En dernier lieu Mr. Aftromer digne éleve du célèbre Linnée, & de l'ingénieux Bergman, fait pour consoler la Suède de la perte du premier. Dans son état farineux, cette terre a été analysée par Mr. le Docteur Attilio Zucagni, dans la fabrique de porcellaine de Mr. le Sénateur Ginori, près de Florence, & a été trouvée aussi bonne pour son usage, que la terre de Vicence. Ce qui garantirait l'assertion tant de fois répétée dans mes ouvrages, c'est que la terre argileuse blanchâtre, qu'on trouve souvent en tas dans des fonds, n'est autre chose qu'une décomposition des silex crêtacés.

Mes travaux sur cet objet ont eu la Sicile & les alpes pour théatre; Mr. le Docteur Giovanetti a consulté la nature à Baudissés dans le Canévais en Piémont. Il est à espérer, que cet habile Chymiste enrichira bientôt la République des lettres d'un ouvrage sur cette matière, & qu'en la traitant avec la plus grande rigidité, trop nécessaire dans l'exposition d'un nouveau fyftême, il répondra d'avance à tous les doutes qu'on pourrait élever fur une formation fi fingulière.

Les filex crêtacés fe trouvent en cailloux plus ou moins grands, & dans un lit tantôt calcaire, & tantôt de pierre de roche vitrifiable. Leur couleur ordinaire eft blanche jaunâtre. Ils font pleins de gerçures, & quelque fois on trouve dans leurs maffes des petits filets noirs légérement ramifiés, comme la Dendrite de Bilemi. Ils fe caffent à éclats de bouteilles. La Sicile n'en produit qu'à Mifilcannone, on peut confidérer ces filex comme étant de la nature du *filex æquabilis* de Wal.

CLASSE XXXI.

DES GRANITES VULGAIRES.

J'Ai obfervé dans ma *Lythologie* deux fortes de granites (*granites*) en Sicile ; les uns abfolument dus à l'action des Volcans, les autres produits par l'agrégation de différentes fubftances réunies par les eaux, & liées par un ciment, plus ou moins fort. Tous les granites Volcaniques, à commencer par le granite d'Egypte, font

communément composés de trois natures :
de quartz, de mica, & de feld-spath. Les
variétés diffèrent par les modifications; mais
dans le fond c'est toujours la même chose.

Les granites formés par la voie humide présentent au contraire l'assemblage de
plusieurs substances différentes réunies, conglobées, & cimentées par une agrégation
absolument accidentelle, & due aux eaux.
C'est ainsi que j'ai observé dans l'Ile d'El-
be un granite composé de deux natures
seules, de quartz blanc, & de spath rougeâtre. Dans la même Ile, du côté de
Campo Oliveri, est un granite formé par
l'agrégation d'un quartz grisâtre, d'un
spath blanchâtre, & d'un mica jaune pale
assez brillant. Dans l'Ile del Giglio, peu
éloignée de là, est un granite composé
de quartz blanc sale avec surabondance de
feld-spath rouge, & une infinité de cristaux de schorls, espèce de Tourmaline,
mais sans aucune des propriétés qui distinguent cette pierre électrique, &c.

Les granites qu'on voit en Sicile sont
tous Volcaniques, excepté les deux sui-
vans, qu'il est aisé de voir n'être provenus,
que de l'agrégation des parties composantes, opérée par la voie humide.

1. *Granite blanc, & noir, dei Colli.*
2. *Granite blanc jaunâtre, & noir, dei Colli.*

La base de ces deux granites est quartzeuse. La teinte jaune du second provient d'un spath coloré par une vapeur métallique; & les taches noires qui abondent dans tous les deux sont occasionnées par des dépôts de feuille de mica noir, conglobés, & fortement adhérentes l'une à l'autre.

La première espèce est le *Granitello* des Italiens, & Mr. Wallerius le distingue des autres granites par cette phrase : *granites albescens cum quarzo fragili albo.*

La seconde a été nommée par le même : *saxum quarzo, spato scintillante, & mica in diversa proportione mixtis, compositum.* Granites.

Ces granites se trouvent dans des bas-fond, au lieu, que les granites Volcaniques ont leurs bancs dans le sein des rochers, dans les hautes montagnes de la Sicile.

CLASSE XXXII.

DU MICA.

LE mica (*mica*) eft très-abondant en Sicile, toutes les pierres en font pour ainfi dire farcies. Je n'ai pas pu jufqu'à préfent m'affurer définitivement de fa nature. Beaucoup d'auteurs ont régardé cette fubftance comme provénant uniquement du concours des fels Volcaniques. Mais cette croyance ne peut être admife, du moins univerfellement ; puifqu'on trouve du mica même dans les pierres calcaires, & dans des lieux qui n'ont jamais reffentis l'effet de la puiffance Volcanique. Tout ce, que j'ai remarqué au fujet de cette fubftance fe réduit à ces obfervations.

1. La bafe du mica eft argileufe, & dénote une furabondance de phlogiftique fous une apparence fulphureufe.

2. La criftallifation eft lamelleufe.

3. Ses feuilles ont un brillant métallique.

4. Au taƐt elles préfentent une furface unie, liffe, & prefque onƐtueufe.

5. Elles font très-minces, & très-fragiles.

6. Elles paraiffent indeftruƐtibles à l'air.

7. Elles ne font point fufibles, mais déviennent toujours plus friables au feu, ex-

cepté lorfqu'il eft moins violent que fou-tenu ; alors elles forment un verre noir, femblable à celui qui provient de l'action du miroir ardent, fur la même fubftance.

8. Elles ne font point d'effervefcence avec les acides, & n'en font point diffou-tes, à moins qu'il ne s'y trouve quelque particule ferrugineufe, fuivant que l'a re-marqué Mr. Wallerius.

Tous ces caractères font conftatés; mais on ne peut en tirer aucune conclufion encore; c'eft au tems à fournir des preuves plus convaincantes, & des fignes diftin-ctifs plus clairs.

Les principaux mica de Sicile font : 1. celui de Centorbi, il eft blanc, arfé-nical, & de la qualité de celui, qu'on connaît communément fous le nom d'argent de chat : c'eft le *mica membranacea femipellucida, rigida, argentea, mica felium*. Agyrites. Wal.

Le fecond eft le mica jaune de Sainte Cathérine : c'eft l'or de chat : *aurum felium, mica aurea*. Ammochryfos. Wal.

Le troifième eft le mica noir dei Colli, commun dans les mines ; & dans les gra-nites, c'eft le *mica membranacea nigra* de Wal.

On trouve communément le mica dans les pierres arénaires, dans les rochers argileux, dans le quartz, dans les granites, & dans les fissures des montagnes. Quoique le mica ne paraisse renfermer aucun métal, il est cependant un des indicateurs les plus suivis par les mineurs pour la recherche des veines métalliques.

CLASSE XXXIII.

DU TALC.

L'Affinité, ou plutôt la similitude des parties constituantes du talc (*talcum*) avec celles du gyps devrait supposer une abondance prodigieuse de talc en Sicile, vu la grande quantité de gyps qui s'y trouve ; cependant cette première substance y est très-rare, & même très-imparfaite. Il ressemble à la pierre talqueuse de Briançon. Ce talc se trouve dans les gypsières, ou carrières à gyps d'Agrigente, & de Palma. Il est strié dans sa longueur, & brillant; Mr. Wallerius l'appelle : *talcum solidum, durius, semipellucidum pictorium,* creta Brianconia. On n'a encore rien de positif sur cette substance.

CLASSE XXXIV.

DES SERPENTINES.

QUoique je soupçonne violemment toutes les serpentines (*serpentinus*) de devoir leur formation, ou plutôt celle d'une bonne partie de leurs composans à l'action des Volcans ! Cependant ayant remarqué un caractere ollaire dans ces pierres, je reste en suspens, & n'ose décider jusqu'à une suite d'expériences constatées & bien définitives. Ce caractere ollaire ne paraît que dans les serpentines de Niso, & de S. Calogero en Sicile. On peut les assimiler toutes les deux à la pierre que Mr. Wallerius décrit ainsi : *steatites opacus, particulis distinguendis, solidus, serpentinus viridis, granularis.* Avec cette différence cependant, que l'une est l'inverse de l'autre ; parceque la serpentine de Niso a un fond vert clair, & des taches vertes sombres ; au lieu que celle de S. Calogero a le fond sombre, & les taches claires. Les serpentines blanchâtres doivent être regardées comme une variété accidentelle, car elles doivent cette teinte au contact immédiat du feu. Les serpentines volcaniques ont un caractère diftinctif, celui des criftaux de fchorls, qui nagent, pour ainfi dire, dans la maffe de la pierre même. Nous en rendrons raifon dans notre *Théorie des Volcans.* Les ferpentines ordinaires doivent être confidérées comme de vraies ftéatites, ou bien comme des pierres ollaires, moins graffes de beaucoup au tact que les pierres collubrines. Les ferpentines de cette efpèce forment des bancs plus ou moins étendus, ayant pour l'ordinaire un fchyfte fauve feuilleté & lamelleux pour gangue. Cette pierre reçoit un affez beau poli; mais malgré cela n'eft pas bien dure.

CLASSE XXXV.

DE L'HÉLIOTROPE.

Communément les Auteurs appellent héliotrope (*heliotropium*) une variété du jafpe fanguin: variété très-précieufe, & dont la Sicile offre quelque faible échantillon à Giuliano; mais c'eft fi peu de chofe, que cela ne mérite pas la peine d'en parler. Mr. Wallerius l'appelle: *jafpis variegata obfcure viridis, punctilis rubris,* héliotropus. Et même il le reconnaît comme le plus pefant des jafpes : nouvelle preuve de la préfence de l'or dans cette pierre, quoique il y foit en précipitation, ainfi, que je l'ai obfervé. Voyez Article *Jafpe fanguin* Lythol. page 54. & fuivantes. Mais ce que l'on nomme pour l'ordinaire héliotrope en Sicile, eft une pierre abfolument différente ; & à laquelle je crois que ce nom convient beaucoup mieux, à caufe de la fimilitude des teintes de cette pierre avec celles de la fleur, dite héliotrope ou tournefol.

La Sicile produit deux fortes d'héliotropes ; l'une eft cette variété du jafpe fanguin, dont j'ai parlé plus haut, & que je ne place ici que pour la comparaifon, fa claffe étant celle des jafpes. Cette pierre a un fond vert fombre, & une infinité de petites taches rouges nageant dans l'immenfité de la maffe. Ce jafpe fe trouve à Giuliano, mais très-rarement. C'eft le vrai *lapis fanguinalis*, ou plutôt le plus précieux jafpe fanguin, qu'on croiait que l'Égypte feul produifait, ainfi que l'a cru auffi Mr. Wallerius. L'autre naît aux environs dei Colli ; & c'eft, à mon avis, le vrai héliotrope, ou plutôt le mieux nommé ; fon fond eft d'un vert foncé ; & dans cette maffe verte fe trouvent dirigées au hazard mille petites ramifications jaunes. On trouve cette pierre en cailloux roulés, pour l'ordinaire dans le moellon réfractaire jaune, que je crois avoir beaucoup influé fur la colorifation des ramages jaunes de cette pierre. L'abondance même des molécules calcaires qui fe trouvent dans cet héliotrope, unie aux principes vitrifiables de la maffe, forme de cette fubftance une vraie pierre réfractaire. A toute rigueur il y aurait encore une troifième héliotrope en Sicile; mais étant totalement compofé des molécules calcaires, je l'ai placé parmi les marbres, en lui confervant cependant le nom diftinctif d'héliotrope, ou plutôt de marbre héliotrope.

CLASSE XXXVI.

DE LA TARTARUCA.

SOit, que cette pierre eut été inconnue jufqu'à préfent aux Naturaliftes de ces contrées, foit qu'ils l'euffent trop peu apprécié pour croire devoir en parler, aucun auteur n'en a fait encore mention. Suppléant à ce manquement j'offre la phrafe fuivante pour la caractériser : *silex rupestris opacus maculosus, colore flavorubescente fusco, partibus flavis ad chalybem fortiter scintillans, nec non aquam fortem absorbens, vulgo Tartaruca.* Par cette double propriété on voit aisément que cette pierre est réfractaire ; puisqu'elle ne pourrait point absorber un acide quelconque, & faire effervescence avec lui dans le temps qu'elle serait ignéscente, si une double nature ne composait son essence, comme celle de toutes les pierres réfractaires.

Son nom lui vient de la ressemblance de ses taches avec celles de l'écaille de tortue, nommée *tartaruca* en italien ; on la trouve en cailloux roulés de différentes grandeurs sur le mont St. Julien, & à Ste. Marie del Bosco. On ne peut avoir aucune idée de sa gangue ; puisqu'elle se trouve sous cette forme, que les pierres n'acquièrent pour l'ordinaire, qu'après avoir parcourus un espace de terrain considérable, à l'aide des torrens qui les emportent. La Tartaruca est d'une dureté moyenne, & ne plaît que par sa bizarrerie ; car ses couleurs sont très-peu avivées.

CLASSE XXXVII.

DES AVANTURINES.

LA reſſemblance d'une eſpèce de marbre
agate Sicilien, avec une vitrification de
couleur brune & micacée, que l'on fait
à Veniſe, a fait donner à cette pierre le
même nom d'avanturine.

Que le mot de *marbre-agate* n'effarou-
che pas nos rigoriſtes ; j'ai cru devoir
m'en ſervir dans cette occaſion pour diſtinguer une pierre entièrement calcaire,
excepté dans quelques parties, ou dépôts
de nature agatine. Cette pierre offre encore une ſingularité frappante, que je
n'ai remarqué dans aucun autre produit
de la nature, pas même dans les pierres
réfractaires ; c'eſt celle de ne témoigner au
contact des acides qu'une efferveſcence lente & graduée, cependant égale par tout
excepté dans les parties agatines, qui ſont
abſolument vitrifiables. On ne peut expli-
quer ce phénomène qu'en ſuppoſant dans
cette pierre une égale quantité de molécules calcaires & vitrifiables, combinées,
& adhérentes l'une à l'autre par le moyen
d'un ciment, qui les lie. Dans cette po-

K

sition l'acide n'a point un cours suivi dans son action; car la présence d'un atôme vitrifiable dévient pour lui un obstacle insurmontable, dans le moment même qu'il attaque avec véhémence le corps calcaire qui est exposé à sa violence. Je n'offre ceci que comme une hypothèse; mais en ne l'admettant pas: il me serait difficile de donner une explication plus claire de cette action agissante, & interrompue à tous momens.

On trouve l'avanturine en cailloux roulés dans les creux du mont Caputo; cette pierre est assez dure, & susceptible d'un assez beau poli, excepté dans les parties gercées & poreuses des veines agatines. Sa couleur est brune, à taches sombres louchement diaphanes. Toute la masse de cette pierre est parsemée de petits dépôts de feuilles de mica jaune, conglobées & cimentées dans l'intérieur de cette pierre. On vend souvent en Sicile des pierres pyriteuses brunes pour l'avanturine; mais c'est une fripponerie des marbriers du pays, très-habiles, comme nous l'avons observé ci-dessus, à se prévaloir de l'ignorante bonne foi des acheteurs.

Voici la phrase qui suivant moi conviendrait à l'avanturine: *Calcareus partibus vitrificabilibus immixtus, fluido achatino intrinsecæ plenus, colore fusco, lamellulis pyriticosis flavis scintillantibus insperfus, vulgo marmor venturina.*

CLASSE XXXVIII.

DES PIERRES PYRITEUSES.

L'Abondance de la pyrite eſt telle en Sicile, que toutes les pierres en ſont, pour ainſi dire, remplies, on en trouve même dans les jaſpes & dans les agates; mais comme la pyrite ne s'y voit que par haſard, je ne crois pas pouvoir leur donner le nom de pierres pyriteuſes (*lapides pyritoſi*); & je le réſerve à plus juſte titre pour les ſubſtances ſuivantes. La roche pyriteuſe du fleuve de Niſo, & le lapis-lazuli du même endroit.

SECTION I.

De la roche pyriteuſe.

La roche pyriteuſe (*ſaxum pyriticoſum*) eſt compoſée de molécules vitrifiables, aſſez fines, ſa couleur tire ſur le brun; & de diſtance en diſtance on trouve dans cette

masse des dépôts pyriteux souvent en grouppes. Cela la rend très-brillante ; & au premier coup d'œil, vu la finesse des pyrites,
on prendrait cette roche pour une pierre
micacée. C'est dans le fleuve de Niso
qu'on trouve cette pierre en plus grande
quantité ; dans ses environs on en recueille
aussi quelques morceaux, d'une qualité
moins riche en pyrites.

La pyrite que renferme cette pierre est
cuivreuse, bien souvent cristallisée en cubes assez mal prononcés ; mais pour l'ordinaire elle est en lames ou feuilles très-
minces. On doit attribuer l'abondance des
pyrites en Sicile, aux émanations volcaniques, qui ont répandu sur son sol tous
les principes, qui constituent ce singulier
minéral, & dont aucun corps pierreux
n'est exempt, pour ainsi dire, dans ce
Royaume. En général cette Ile offre peu
de pyrite ferrugineuse, toutes celles qu'elle
manifeste dans ses produits, sont cuivreuses
& arsénicales, & c'est surtout à Niso
qu'on voit en plus grande quantité la pyrite de cuivre, à cause de la présence de
ce métal, qui même pour l'ordinaire se
voile sous la forme de la pyrite cuivreuse.
La roche pyriteuse de Niso est de plusieurs
natures ; mais le plus souvent c'est une

pierre arénaire, ou *lapis arenarius communis*, fur une gangue quelconque.

SECTION II.

Du Lapis-lazuli.

Le Lapis-lazuli (*lazulus lapis*) eft une des pierres qui a le plus attiré les régards des Naturaliftes ; mais plus ils ont travaillé a fon égard, & plus d'incertitude ont-ils répandus fur cette fubftance. Sans entrer dans l'analyfe des travaux de ces auteurs, mais en rapportant feulement leurs phrafes diftinctives & leurs décifions, nous connaîtrons aifément combien les fentimens font partagés, même contraires l'un à l'autre, rélativement à cette pierre.

Le célèbre Linée appelle le lapis-lazuli *cuprum cæruleum fcintillans* ; & par là prouve clairement que c'eft au cuivre, qu'il attribue la partie colorante de cette pierre. Wolt. la défigne par cette phrafe : *Cuprum cæruleum compactum polituram admittens.* Wall. même dans fes premières Éditions la nomme : *Lapis-lazuli, jafpis cærulefcens, faxum, vulgo cyaneus lapis, lazulus lapis, jafpis colore cæruleo, & alio mixto, cuprifer.*

Mais bientôt après Mr. de Cronfted admettant apparemment le fentiment de Mr. Margraff a reconnu dans le lapis-lazuli la préfence vifible du fer, puis celle de l'argent, & enfin analyfant la nature de la pierre même, a placé le lapis-lazuli parmi les zéolites, comme on peut s'en convaincre par cette phrafe diftinctive. *Zéolites particulis impalpabilibus argento, & ferro mixtis* 109. *B.* Enfin Mr. Wall. pouffant encore plus loin fes travaux, n'a reconnu dans fes effais d'autre principe colorant pour cette pierre que l'argent, ainfi qu'il l'annonce par fa phrafe caractérifante. *Zéolites particulis fubtiliffimis, colore albo &. cæruleo, argentum continens, lapis-lazuli.* Dans ce conflit de fentimens abfolument oppofés l'un à l'autre, il ferait difficile d'en choifir un, fi l'on ne devait juger que par la réputation de leurs auteurs; mais en chymie, comme dans toutes les fciences exactes ou du moins crues telles, c'eft la nature feule qu'il faut confulter ; & les décifions de l'obfervateur doivent toujours émaner des réfultats de fes opérations chymiques. C'eft fur ce principe que, fans croire manquer à aucun des auteurs que j'ai cités, & que je regarde comme mes maîtres dans cet art, j'expofe ici mon avis fur le lapis-lazuli, fondé fur mes obfervations, & fur quelques opérations chymiques que j'ai fait à cet égard.

En attribuant au cuivre la partie colorante du lapis-lazuli, Linée a fuivi la croyance de nos anciens chymiftes, rigides obfervateurs de la nature, quoique moins méthodiques que les modernes. La généralité de leur décifion n'eft point fautive, fi l'on confidère que tout le lapis-lazuli, anciennement connu, venait de Perfe, d'Arménie, de la Pruffe, de l'Efpagne, de la Sicile, de Cypre, & de la Chine; qui en effet fon tous colorés par une chaux cuivreufe, ayant plus ou moins d'intenfité dans leur teinte. Je les ai tous foumis aux réactifs ordinaires, & j'en ai obtenu du cuivre pour réfultat. Margraff n'ayant travaillé que fur le lapis-lazuli de Friedberg & ayant reconnu dans cette pierre la préfence du fer, attribue tout de fuite la colorifation de cette pierre au fer feul. Qu'il me foit permis de dire, malgré la réputation juftement acquife de cet Auteur, qu'il s'eft trompé dans cette décifion, non dans la vérité du principe à l'égard de la pierre qu'il a analyfée, mais rélativement à la généralité qu'il a voulu lui donner. Il fe peut fort bien qu'il y ait encore d'autres lapis-lazuli, ou d'autres chryfocoles, encore inconnues à moi, qui aient le fer pour principe colorant; mais je puis garantir que ce n'eſt aucun de ceux que j'ai ſoumis à mes toucheaux chymiques.

La découverte d'un nouveau lapis-lazuli en Sibérie, & en pluſieurs autres pays a occaſionné un changement de ſiſtême parmi les Naturaliſtes, qui, ayant reconnu que le lapis-lazuli, qu'ils avaient analyſé, avait l'argent pour principe colorant, ont cru pouvoir décider généralement en faveur de ce métal. Je ne doute nullement de la véracité de leurs rapports, & de l'exactitude de leurs expériences, d'autant plus que par le moyen d'une opération aſſez ſimple, on peut obtenir de l'argent un très-beau bleu d'azur (a); mais aucun

---

(a) Le procédé, dont il eſt parlé ici, conſiſte à prendre pluſieurs lames d'argent de l'épaiſſeur d'une groſſe feuille de papier, de les ſuſpendre par le moyen de quelques fils dans la cavité d'un vaſe de terre bien net. On ferme l'ouverture de ce vaſe avec quatre feuilles de parchemin, après quoi on enterre le vaſe dans un lit de fumier neuf. Au bout de quinze jours on retire le vaſe, on l'ouvre, on trouve les feuilles d'argent noircies & attaquées; & l'on voit ſur une feuille de papier, qu'on a eu ſoin de mettre au fond, on voit, dis-je, quelques gouttes d'une pouſſière humide d'un très-beau bleu. Cette expérience eſt ſûre; mais pour cela ne prouve pas que cette couleur bleu provienne de l'argent; elle peut également venir du cuivre, que ces lames renferment. Car j'ai toujours remarqué que plus l'argent était pur, & moins d'azur donnait le procédé.

de mes essais sur le lapis-lazuli, que j'ai analysé, ne m'a donné de l'argent pour produit. Le lapis-lazuli de Sibérie, ou bien celui de Suède aura cet avantage, ou bien mes travaux auront été insuffisants; cependant j'ai soumis tour-à-tour ces pierres à la digestion dans l'alkali volatil, à la dissolution dans les acides, à la précipitation dans le même alkali, à la fusion avec le borax, enfin à la scorification avec le plomb; & je n'ai jamais obtenu que du cuivre pour résultat.

Mr. Cronsted, & Wallerius sont les premiers qui ont placé le lapis-lazuli parmi les zéolites. Il est à supposer qu'ils ont eu des raisons suffisantes pour en agir ainsi; mais j'avoue qu'elles me sont inconnues. Je ne connais dans le lapis-lazuli, que trois natures, l'une spathique constituant la base de cette pierre, l'autre métallique, mais dans l'état de chaux, produisant sa couleur azurée; la troisième enfin métallique également, mais sous la forme d'une pyrite ou bien d'une marcassite. Ce ne peut être que la première substance, qui ait pu fixer les soins des deux célèbres chymistes Suédois, Mais quelle rélation peut avoir un spath de la nature de celui qui forme la base du lapis-lazuli, avec les pierres de la claſſe des zéolites ? Comparons les caractères de l'une & de l'autre, d'après Mr. Wall. lui-même. Le ſpath eſt toujours d'une figure déterminée dans ſes parties compoſantes, qui ſont toujours ou rhomboidales, ou cubiques; dans ſes éclats il paraît lamelleux, & brillant; ſa dureté eſt égale à celle de la pierre calcaire; il n'eſt jamais igneſcent; Dans le feu il décrépite, & ſe ſépare en éclats, en l'expoſant à un feu égal; il donne de la chaux en l'éteignant avec de l'eau; mais il demande un feu très-vif pour ſa calcination. Dans un feu de fuſion, il ne fond point tout ſeul; mais en y ajoutant du borax, de l'argile & des fluors; tout de même que la pierre calcaire, il fait efferveſcence avec les acides minéraux, & en eſt diſſout &c.

La zéolite a un déhors vitreux, elle eſt dure, elle eſt facile à diſſoudre par le moyen des acides, elle eſt phoſphorique dans le moment de la fuſion; & ſi l'on continue cette fonte, elle donne un verre blanc tranſparent; elle eſt peu mêlée avec des particules métalliques, mais n'en offre jamais intérieurement &c.

Que l'on compare à préſent ces définitions avec celle du lapis-lazuli; & qu'on

décide fi cette pierre offre le moindre caractère, qui puiffe lui mériter une place
parmi les zéolites.

Le lapis-lazuli eft une pierre à fond
blanc, & à taches bleues, fouvent fi pro-
ches l'une de l'autre, & d'une teinte fi
forte, que toute la pierre paraît d'un bleu foncé. Soit que fa couleur provienne du cuivre, ou du fer, ou de l'argent, il eft
toujours fûr que c'eft une chaux métallique, qui colore cette pierre, qui eft
blanche dans le fond, par infiltration fur
la couleur primitive de cette pierre. Il n'y
a point de difpute à ce fujet, puifqu'on peut
la dépouiller de fa couleur, fuivant la mé-
thôde du Prince de San Severo; & alors
le lapis-lazuli refte blanc. La pierre qui
compofe ce fond eft formée d'une agrégation de petites parties compofantes, lamelleufes & rhomboidales. En fondant le
lapis-lazuli il en provient un verre toujours bleu, preuve qu'il n'y a rien de
ferrugineux dans cette fubftance; car tout
corps tenant du fer en fufion donne un
verre noir. Au moment de la fufion le
lapis-lazuli devient phofphorique; mais il
ne produit cette lueur fouvent accidentelle, qu'à caufe des principes alumineux
qu'il renferme, & qui proviennent de

l'union de l'acide vitriolique, & de la terre argileuse que contient le spath, qui sert de base au lapis-lazuli. C'est à cause de la présence de cette même terre calcaire, qu'au contact des acides, cette pierre ne produit qu'une effervescence lente, propre à tous les spaths réfractaires, sur tout quand ils sont colorés comme le lapis-lazuli. Cette pierre n'est ignescente que par intervalles, là précisément, où les particules vitrifiables de la terre argileuse sont surabondantes. D'après cet examen, je prie tout Naturaliste, Mr. Wallerius lui même, de me dire s'il croit encore que le lapis-lazuli occupe une place parmi les zéolites, & si ce n'est pas le situer plus convenablement en le rangeant parmi les pierres pyriteuses ? D'autant plus que le mot zéolites (*terre pierre*) est aride par lui même, & ne produit aucune idée, qui puisse occuper & nourrir l'esprit d'une définition précise.

Nous considérerons donc, après cette analyse, le lapis-lazuli comme un spath arénaire, & privé de toute cristallisation extérieure, de la nature du spath grénelé, décrit par Mr. Wallerius par cette phrase : *Spathum particulis dispersis rhomboidalibus irregulariter congestis. Spathum arenarium.* Ce spath blanc de nature, comme nous l'avons observé ci-dessus, se colore par infiltration, à un point que la dissolution de la chaux métallique, qui le teint, le pénètre totalement, & absorbe tout à fait la nuance primitive. On peut s'assûrer de cette observation, en jettant les yeux sur les têtes des bancs de lapis-lazuli ; on les voit pour l'ordinaire blanches & très-légérement tachetées ou veinées de bleu. Ce qui dépose encore en faveur du cuivre pour la colorisation du lapis-lazuli, c'est qu'on trouve souvent cette pierre du plus beau bleu possible, tachetée en même tems d'un très-beau verd. On sait que l'argent ne produit jamais cette dernière couleur, & que le fer dans la terre de Verone ne prend une teinte verte, qu'après une suite de combinaisons accidentelles, impossibles à supposer dans le lapis-lazuli.

Les Pyrites qui végètent dans cette pierre, sont toujours en veines, en ramifications ; marque d'une fluidité première, & par conséquent d'un état de dissolution qui ne peut qu'avoir influé sur la base du lapis-lazuli & ces pyrites ne sont jamais que ferrugineuses, ou cuivreuses ou arsénicales : du moins je n'en ai jamais vu d'autres.

Voici les qualités différentes du lapis-lazuli qu'on trouve en Sicile.

1. *Lapis-lazuli bâtard, du fleuve de Niſo.*
2. *Lapis-lazuli mêlé de taches bleues, & vertes, du fleuve de Niſo.*
3. *Lapis-lazuli bleu clair à taches verdâtres, du fleuve de Niſo.*
4. *Lapis-lazuli bleu, du fleuve de Niſo.*

Le premier de ces lapis-lazuli n'eſt qu'un ſpath vitrifiable, coloré par un azur cuivreux, mais très-faible en teinte ; & l'on voit que le principe colorant n'a pas également pénétré dans toutes les parties de ce ſpath. Ce n'eſt à vrai dire qu'une chryſocolle.

Le ſecond eſt un feld-ſpath, également coloré par une chaux cuivreuſe ; mais comme la ſubſtance de cette pierre eſt plus remplie de particules calcaires, les principes colorans, à l'aide des diſſolutions vitrioliques, ont eu plus de facilité à pénétrer dans ſon intérieur ; ce qui rendrait ce lapis-lazuli plus beau, ſi ſa teinte bleue dominante n'était parſemée de taches verdâtres, également dues à une diſſolution cuivreuſe, opérée certainement par l'union de l'acide marin.

La troisième espèce est à peu près de la même qualité, & n'en diffère que par l'abondance des pyrites, dont ce lapis-lazuli est beaucoup plus rempli que tous les autres.

Le quatrième enfin étant tout-à-fait calcaire, & de la plus belle teinte bleue possible, peut-être égalé au plus beau lapis-lazuli oriental. Malheureusement on n'en trouve presque plus. La gangue du lapis-lazuli est arbitraire.

CLASSE XXXIX.

DES CAILLOUX RAMIFIÉS.

LEs cailloux ramifiés, (*jaspis silicea eleganter maculata, de Baumé*) sont, on ne peut pas plus, nombreux en Sicile ; il faudrait un volume entier pour les décrire. Mais comme ces cailloux sont pour la plupart produits par le hasard, & que la nature dans leur formation ne suit point une méthode égale, je crois qu'il est impossible de les classifier, & je me borne à en parler sous ces deux dénominations.

1. *Des cailloux ramifiés,*
2. *Des dendrites.*

SECTION I.

Des cailloux ramifiés.

Tous les fleuves de la Sicile abondent en cailloux ramifiés : (*filex variegatus*) il eft même des plages maritimes qui en préfentent diverfes variétés, les éfpèces les plus communes font les fuivantes.

1. *Cailloux ramifiés jaunâtres, de Caftello-à-mare.*
2. *Cailloux ramifiés rougeâtres, du fleuve Durillo.*
3. *Cailloux ramifiés grifâtres, du fleuve Simète.*
4. *Cailloux ramifiés blancs fales, dei Scoglietti.*

Mille accidens concourans à la formation des cailloux ramifiés, on ne peut établir rien de certain fur leur formation, encore moins fur leur gangue. En général la diverfité de leurs téintes eft très-agréable à l'œil. Il y a des cailloux ramifiés de nature vitrifiable & calcaire, mais les réfractaires font les plus communs.

SECTION

SECTION II.
Des dendrites.

Plus d'un endroit de la Sicile fournit une pierre calcaire jaune-grisâtre, légérement parsemée de petits bouquets dendritiques ; mais pour cela je n'ose point classifier ces pierres parmi les dendrites véritables : (*Dendritides*) parce que ces bouquets ne doivent leur naissance qu'au hasard, & au voisinage de quelque principe métallique, dont la décomposition aura occasionné ces faibles ramifications. Proprement il n'y a en Sicile que le Mont-Bilémi seul qui fournisse de la véritable dendrite. Il y en a de cinq qualités différentes, qui sont, 1. Dendrite à fond jaune-clair, toute couverte de petits filamens noirs, de l'épaisseur d'un cheveux, du Mont-Bilémi.

2. Dendrite à fond jaune-clair soupoudrée de petits bouquets noirs & gris. Les bouquets ne sont pas ramifiés ; mais dessinent à peu près la figure d'une Marchantine vue ou Microscope, de Bilémi.

3. Dendrite à fond jaune, couverte de grosses lignes noires, qui sont toutes terminées par une tache noire, & dans les

L

intertices des lignes fe voient de petites ramifications très-jolies, de Bilémi.

4. Dendrite à fond gris-bleu, arborifée
de noir, de Bilémi.

5. Dendrite à fond jaune, tachetée de
vert foncé, avec arborifation noire très-
élaguée, de Bilémi.

On peut confulter ma Lythologie, page 200, fur les détails rélatifs à chacune
de ces efpèces. On appelle les Dendrites,
Breccia figurata en Sicile. Ces pierres fe
trouvent en couches lamelleufes, fouvent
de deux pieds & demi de longueur dans
une efpèce de moellon refractaire, qui leur
fert de gangue, fur le Mont-Bilémi. La
Dendrite eft le *Dendrachates* de Wallerius.

CLASSE XL.

DES ROCHES A EMPREINTE.

LA Roche à empreinte : (*Lythogliphi-tes, vel calcareus rudis, opacus, solidus, testaceos, aut plantas figuram repræsentans, forma suscepta vi juxta-positionis. Vulgo, lapis illusive figuratus*), est une pierre calcaire, plus ou moins solide, & qui offre sur sa surface des empreintes de coquilles, ou de plantes bien, ou mal exprimées, suivant le voisinage du corps qui l'a touché dans un état de moindre dureté. La Sicile offre ces quatre variétés en ce genre.

1. *Pierres figurées, des environs de Palerme.*
2. *Pierres figurées, de Centorbi.*
3. *Pierres figurées, de Saïnte Cathérine.*
4. *Schystes figurés, de Messine.*

La première de ces pierres est tout-à-fait calcaire, & présente sur sa surface des empreintes, plus ou moins en relief, de différens corps de la nature, principalement des plantes & des coquilles. Sa couleur eft blanchâtre, & fon grain médiocre, mais égal. Celle de Centorbi eft plus foncée en couleur, tirant fur le jaune-roux, & n'offre d'autres empreintes que celles des buxins, des volutes, des huîtres, & de quelque autre coquille. Celle de Sainte Cathérine, tout au contraire ne préfente que des empreintes de plantes, particulièrement celles des joncs, & de quelques graminées. La quatrième variété eft le fchyfte de Meffine; c'eft une efpèce de gor ou de fchyfte ardoifeux, & d'un grain groffier recouvrant les bancs de charbon foffile, peu éloigné de cette Ville. Ce fchyfte préfente des empreintes de plantes très-peu relevées de leur fond en général. Je n'ai vu exprimées fur ce fchyfte, que des fougères & des capillaires.

Toutes ces pierres fe trouvent prefque à la furface de la terre, dans des rochers calcaires, excepté le numero quatrième, qui fert d'enveloppe au charbon foffile de Meffine, ainfi que je l'ai déja dit. Ces pièces n'offrent qu'une furface très-peu étendue, & pour l'ordinaire plus longue que large.

CLASSE XLI.

DES YEUX DE SERPENT.

ETant entré dans une analyse assez étendue de la formation de ces pierres dans
ma Lythologie, page 203., je me contenterai d'observer ici seulement, que ce n'est
que Malthe seule qui en fournit, & qu'il
y a trois espèces de yeux de serpent :
(*Ophiolites*), les communs à deux couleurs, blanc & noir ; les plus estimés à
quatre teintes, blanc, gris, vert & noir ;
enfin les médiocres à trois nuances blanches,
grises & noires. C'est sur le bord de la mer
qu'on les trouve ; ce qui a fait croire à
beaucoup de personnes que c'était des yeux
de serpent, ou de requin pétrifiés. Mais
une opinion n'est pas plus vraisemblable
que l'autre : ce font des goutes de fluide
alabastrin, ainsi que nous l'avons expliqué
dans notre Lythol. Les anciens ajoutaient
encore plus de foi à la vertu de ces pierres que les modernes, & les regardaient
comme des préservatifs contre toutes sortes
de maux. Ils les connaissaient sous les noms
d'Ophiolites ou Bouffonitæ, en les confondant avec la pierre de grenouille.

L 3

CLASSE XLII.

DES PIERRES STELLAIRES.

LEs pierres ſtellaires : (*Stellata*) de la Sicile, ſont très - peu nombreuſes ; encore celles qu'on y trouve, ſont-elles ſous une forme roulée, & offrent peu de variétés entr'elles. Voici les principales eſpèces :

1. *Pierres ſtellaires, de Girgenti.*
2. *Pierres ſtellaires, de' Scoglietti.*
3. *Pierres ſtellaires, du fleuve Durillo.*

Les premières ſont de la qualité des tibulites ; les ſecondes des cérébrites ; & les troiſièmes proviennent des madrepores caryophilés. Ce ſont les *ſtellaria* ou *ſtellata*, des anciens, également conſidérés comme des Taliſmans par le peuple. Ces pierres ſe forment des débris des madrepores de différentes qualités, qui ſe trouvent envelloppés dans une maſſe calcaire, qui ſe pétrifie à la longue. Ces pierres ſe trouvent pour l'ordinaire dans des creux, où les ondes de la mer les ont dépoſées, & où la ſucceſſion des ſiècles les a réduites dans l'état dans leſquels elles ſe préſentent à nos yeux.

CLASSE XLIII.

DE LA LUNARIA.

A la fuite de ces différentes pierres, je crois devoir rapporter auffi une d'une nature fingulière, qu'on trouve aux environs de Sciacca ; c'eft la Lunaria, ainfi appellée à caufe des demi - cercles, & des cercles entiers , qu'offre continuellement cette fubftance dans fon tiffu. J'ai obfervé page 205. de ma Lythologie, que cette pierre devait fa formation à une agrégation de Dentales, & que toutes les variétés que les Marbriers Siciliens faifaient remarquer dans cette pierre , n'étaient qu'accidentelles , car c'eft la taille horizontale, verticale ou diagonale qui les produit. Je crois que les anciens confondaient la dentale avec les pierres ftellaires ; mais il me paraît qu'elle mérite une Claffe féparée. Voici le nom diftinctif que je lui donnerai : *Calcareus rudis, flavus, dentales petrefactæ retinens in calcareas particulas inhærentes* vulgo *Lunaria a Zonis fphericis nominata.* On trouve cette pierre dans les rochers calcaires pour l'ordinaire dans les grottes.

L 4

CHAPITRE III.
DES SELS.

CLASSE I.

DES SELS EN GÉNÉRAL.

D'Après le fentiment de tous les Naturaliftes, les fels font des corps fimples ou compofés, que l'on ne peut ranger que fous deux claffes différentes, à caufe de la diverfité des phénomènes qu'ils opèrent avec tous les autres corps de la nature ; & avec eux-mêmes, lorfqu'ils fe trouvent oppofés l'un à l'autre : l'une renferme les fels fixes, & l'autre les fels volatils.

Avant de détailler cette divifion, il eft bon d'obferver que les fels, tels que l'homme les apperçait fur le fol, ne font pas les vrais fels de la nature, ce font déja des fels neutres formés, fi ce n'eft de la réunion de iplufieurs fubftances, quelquefois même falines, du moins de la copulation d'un fel avec quelque corps terreftre, auxquels je crois pouvoir donner le nom de fels fecondaires.

Ces premiers fels, quoique invifibles pour l'homme, doivent être confidérés comme les vrais principes de la nature, & la fource de la formation de tous les corps; & ces moyens, tous foibles qu'ils peuvent paraître au vulgaire, n'infpirent que plus de refpeɛt au Naturalifte pour la puiffance motrice de tous ces agens.

Les fels fixes, & les fels volatils, fe diftinguent plus communément en fels acides, en fels alkalins, & en fels neutres, à raifon de leurs propriétés; mais cette divifion n'a lieu que dans le laboratoire d'un Chymifte. Tous les fels que la Nature offre à nos yeux, font mêlangés & très-compofés. Comme ma Minéralogie n'eft point un ouvrage claffique, mais feulement une defcription des produits de la Sicile en ce genre, je me bornerai à l'analyfe des feuls fels apparents que fournit cette Ile.

La plus grande partie des fels de la Sicile eft due aux exhalaifons volcaniques; cependant il en eft dont la fubftance eft fi analogue au terrain de ce pays, que j'ai cru devoir en parler dans cet Ouvrage, en autant de claffes féparées, fuivant la nature de chacun d'eux en particulier. Voici ceux dont j'ai reconnu la préfence en Sicile. Le fel de mer, le fel de fontaine, le fel gemme, le nitre, l'alun & le vitriol.

CLASSE II.

DU SEL DE MER. (SAL MARINUM OFFICINARUM.

TOutes les côtes de la Sicile fourniffent du fel marin, plus ou moins bon, cependant ici, comme tout autre part, ce font les plages méridionales qui en donnent le meilleur. Le droit de faire du fel marin eft annexé à la Couronne. Les principaux établiffemens faits à ce fujet font à Augufta, à Spaccaforno, auprès de Meffine, & à Trapani. Le fel d'Augufta eft un peu âcre, ainfi que celui de Spaccaforno; celui de Meffine eft meilleur; mais cependant il n'approche pas de celui de Trapani, préférable à tous les autres fels de l'Europe. Les marais falans de Trapani font traités avec une magnificence Royale. Une prife d'eau fuperbe, quatre baffins dépuratoires très-grands, & quarante-deux caiffes de dépôts forment tout cet enfemble.

Toutes les féparations & les pavés font

faits en pierre de taille, très-bien travaillées. Ces salines rapporteraient gros, si l'intelligence & l'économie présidaient à ces travaux.

Le sel marin de Trapani est très-balsamique, & dans les greniers où on le dépose avant de le livrer au commerce, les parois sont si pénétrées par l'acide marin, qu'elles exhalent une odeur safranée, très-agréable.

CLASSE III.

DES SELS DE FONTAINE. (SAL PUTEOLARE.)

MAlgré la richesse des bancs de sel gemme, déja connus, & celle de ceux qui ne le sont pas encore, mais de l'existence desquels on ne peut plus douter ; la Sicile n'offre qu'une seule fontaine, saturée de principes salins ; c'est celle de Castro-Giovanni : encore est - elle si peu chargée de particules salines, qu'il ne serait nullement avantageux d'établir dans ces lieux des maisons de graduation, propres au rapprochement des molécules du sel, éparses dans ce fluide. Fazello, Baccio, & plusieurs autres Auteurs Siciliens, rapportent qu'il y a des lacs & des fleuves en Sicile qui produifent du fel marin; mais c'eft une erreur populaire.

CLASSE IV.

DU SEL GEMME. (SAL GEMMÆ MONTANUM.)

JUgeant par l'abondance du fel gemme que produit la Sicile, on dirait prefque que toute l'Ile a pour bafe un banc de ce minéral contenu, & feulement recouvert par la terre : voici les principaux endroits où on en trouve.

1. *Sel gemme de Caftro-Giovanni.*
2. *Sel gemme de Cammaraia.*
3. *Sel gemme de Caltanifetta.*
4. *Sel gemme de Regal muto.*
5. *Sel gemme de la Catolica.*

Les mines de Caftrogiovanni font les plus abondantes ; le fel qui en provient eft limpide, dur, diaphane, d'un gout balfamique ; il pétille, & décrépite au feu ; fes bancs font immenfes ; mais en les brifant, ce fel s'éclate toujours en cubes parfaits, même toutes les parois de ces mines font toutes recouvertes de petits crifteaux cubiques. Il eft à fuppofer que ce fel a été découvert encore par les anciens habitans de cette Ile, qui ont travaillés fuivant les connaiffances qu'on avait alors de cet art; mais aujourd'hui on n'y travaille plus. Et même comme le fel dans ces mines fe trouve à fleur de terre, fans peine, pour ainfi dire, on peut s'en procurer. L'abondance même de ce minéral eft telle en ces lieux, que les habitans de Caftro-Giovanni ont la permiffion d'y aller, une fois l'année chacun, en prendre *gratis*, la charge d'un âne, pourvu que l'animal ne tombât point fous le poids; car fi pareil accident arrivait, le maître de la bête eft alors obligé de payer tout le fel qu'il a pris. La fraude a fu tirer parti de cette loi bizarre en apparence, mais fage dans le fond, car elle a pour but une prudente épargne, qui ne connaît point une jouiffance fans bornes. On a rendu le chemin de ces mines fi rabotteux, que prefque tous les animaux qui entrent, tombent tout de fuite, pour peu qu'ils foient chargés; de façon que prefque tous payent le fel qu'ils prennent.

Le fel de Camerata eft moins abondant, mais plus balfamique; ce qui le rend auffi moins diaphane.

Les trois autres ſels n'ont point de mines fixes, ni des couches bien étendues, le ſel s'y trouve par ſauts, & ſemble ne provenir que de quelques dépôts formés au haſard dans ces lieux, ſuivant les creux plus ou moins profonds, qui ont pu recevoir les agens de ce minéral.

Les mines de ſel gemme de Sicile offrent pluſieurs variétés, en outre du ſel ordinaire que j'ai décrit. Voici les principales.

1. *Sel gemme violet de Caltaniſetta.*

Ce ſel eſt coloré par une eau vitriolique ferrugineuſe.

2. *Sel gemme verdâtre de Regalmuto.*

Coloré par une eau vitriolique cuivreuſe.

3. *Sel gemme rougeâtre de Caſtro-Giovanni.*

Coloré par un ochre ferrugineuſe.

4. *Sel gemme bleuâtre de Camerata.*

Coloré par une eau vitriolique ferrugineuſe.

5. *Sel gemme noirâtre de Camerata.*

Coloré par un mêlange de terre végétale, réduite dans l'état de charbon.

6. *Sel gemme terreux de la Catolica.*

Formé par un mêlange de parties salines, unies aux molécules terreftres.

CLASSE V.

DU NITRE. (ANATRON, APHRO-NATRON, &c.)

PEu de pays en Europe font auffi riches en nitre que la Sicile, on en fait dans toutes les Provinces ; on en vent une prodigieufe quantité à l'étranger, & malgré cela la reproduction de ce fel eft fi abondante, que l'on a toujours plus de befogne à faire, qu'il n'y en a de faire.

Les Nitrières de la Sicile ne font pas montées fuivant les régles de l'Art : auffi n'y conduit-on jamais le nitre à la pureté de celui des autres pays. L'infoufiance eft telle même, qu'on néglige fouvent la troifième cuite, & qu'on ne fe donne guères de peine à obtenir une criftallifation pure, & bien prononcée. Cependant la qualité du nitre eft fi bonne par elle-même, que quoique fi mal gouverné, ce fel eft excellent en Sicile, & jouit de toutes les prérogatives qui le diftinguent: Voici les principales Nitrières de ce Royaume.

Naro.	*Francoforte.*	*Marfala.*
Girgenti.	*Caltagirone.*	*Sciacca.*
Sortino.	*Terra nuova.*	*Syracufe.*

Celle de Syracufe eft la meilleure, & a cela de fingulier, qu'on l'a établie dans le fein des fameufes Latomies de Denis le Tyran. Ces Latomies font creufées dans un roc calcaire à force de bras, & offrent fouvent des fales de quatre - vingt pieds, & plus de longueur. Voyez mes Lettres fur la Sicile, article *Syracufe.* Tout ce nitre provient des décombres & des platras.

CLASSE

CLASSE VI.

DE L'ALUN. (ALUMEN.)

QUoique la Sicile dût produire une quantité étonnante d'alun, à cause des volcans qui ont de tout tems recouvert son sol, & déposé à l'entour les sels les plus agissans; nonobstant il n'y a pas un endroit dans ce pays où il y ait un établissement destiné à la facture de l'alun. Dans les montagnes voisines au fleuve de Niso, on a voulu entreprendre quelques travaux à cet égard; mais c'est si peu de chose, que cela ne mérite presque pas la peine d'en parler. Les Siciliens sont d'autant plus condemnables de n'avoir point d'alun artificiel, que la Nature de tous côtés leur offre le plus bel alun naturel possible. Comme ce sel dans cet état appartient aux produits volcaniques, je laisse à ma Théorie des Volcans à en rendre compte, & je me bornerai simplement à observer ici, qu'on trouve une quantité étonnante d'alun naturel près de Monterosso, près de Petraglia, à Gampiglieri, à Lipari, au Volcano & à Strongoli. Voyez ma Théorie des Volcans.

M

CLASSE VII.

DU VITRIOL. (VITRIOLUM.)

GAmpiglieri & les deux Pétraglie font les principaux lieux qui fourniſſent du vitriol en Sicile ; mais il en eſt encore pluſieurs autres, & ſur-tout les environs de l'Etna, qui abondent en cette ſorte de ſel : en voici les variétés.

1. *Vitriol martial de Gampiglieri.*

Ce vitriol provient d'une pierre atramentaire brune, très-ſaturée de principes ſalins, & donnant après la cuite un très-bon vitriol, mais inférieur cependant à celui de Viterbe.

2. *Vitriol martial de la petite Pétraglia.*

Ce vitriol provient d'une terre volcanique jaune-rougeâtre, de la nature de celle de Viterbe, ou plutôt de celle de la Recamarie dans le Forêz ; ce ſel eſt plus fort en principes, & offre un vitriol tout auſſi bon que le Romain.

3. *Vitriol cuivreux de Gampiglieri.*

Ce vitriol provient des exhalations vitrio-lico-cuivreufes qui fortent de terre, en forme de moufettes, & qui dépofent fur les fiffures des rochers une efflorefcence verdâtre, en forme d'écume, mais dure & compacte. En faifant bouillir ces efflorefcences, on obtient un vitriol cuivreux, très-bon; mais il en vient en trop petite quantité pour en faire un objet de commerce.

4. *Vitriol cuivreux de la grande Pétraglia.*

Ce vitriol provient d'une efflorefcence vitriolico-cuivreufe, d'une nature à peu près femblable à celle du numero précédent.

5. *Vitriol plumeux, ou allotrichum de Nifo.*

Dans les conduits des mines de Nifo, fe trouvent comme des recouvrements féléniteux, dépofés fur les bois d'étais, qui font purement vitrioliques; mais ce vitriol n'eft pas auffi abondant en Sicile qu'en Allemagne, & principalement en Hongrie; c'eft cette efpèce de vitriol que Mr. Scopoli a appellée du nom d'Allotrichum.

6. *Vitriol martial de Nifo.*

Ce vitriol fe préfente fous une forme ochracée, & recouvre quelquefois les conduits d'eau dans les mines d'une boue jaunâtre. Ce qu'il y a de particulier dans ces émanations, c'eft qu'elles font intermittentes; il paffe quelquefois des années entières qu'elles ne paraiffent point; & puis tout-à-coup elles fortent avec une abondance inconcevable. Cela me fait revenir à mon idée, qu'il faut qu'il y ait dans le fein de cette Ile quelque mine ferrugineufe, qui fournît par une décompofition infenfible à toutes ces ochres, à toutes ces chaux ferrugineufes que la Sicile étale de tous côtés.

Je pourrais enrichir ce Chapitre de la defcription de plufieurs fels neutres qui abondent en Sicile; mais j'ai cru devoir en réferver l'analyfe à ma Théorie des Volcans, puifque la plupart d'eux font dus aux exhalaifons volcaniques, & les autres fe forment par le concours des premiers.

CHAPITRE IV.
DES BITUMES EN GÉNÉRAL.

CLASSE I.

DES BITUMES. (BITUMEN.)

Malgré l'abondance des différens sels qui se trouvent répandus sur le sol de la Sicile, & malgré les exhalaisons de la mer, qui, comme on sait, sont souvent un des plus puissants agens dans la formation des Bitumes; ces substances ne sont pas trop communes dans cette Ile, & sur-tout offrent peu de variétés. En général on ne voit dans ces pays-ci que le Pétreole, le Naphte, le Succin, le Jaïet, le Charbon de terre & la Tourbe.

CLASSE II.

DU PÉTREOLE. (PETREOLEUM.)

LEs feules deux Pétraglie grande & petite produifent du pétréole en Sicile, mais
d'une manière intermittente, c'eft - à - dire,
fouvent en abondance, & fouvent avec la
plus grande parfimonie. Ce bitume eft excellent; on en retire une huile très-faturée
de principes bitumineux. Ce pétréole s'é-
coule quelque fois feul, & forme, en fe
condenfant, des grouppes bitumineux bruns
rouges; quelquefois au contraire il eft em-
porté par les eaux d'une fontaine, dite della
Pétraglia; & ne pouvant point s'unir avec
l'eau, ce bitume furnage deffus en forme
de gouttes huileufes rouffâtres.

CLASSE III.

DU NAPHTE. (NAPHTA NATIVA.)

LE Naphte est plus abondant en Sicile que le pétréole ; on en trouve en plusieurs endroits, & principalement à Léonforte, à Bivona, aux environs de Girgenti, dans le fleuve Symète, à Polizzi & à Canallotto.

Le naphte de Léonforte est le plus abondant, & le meilleur de l'Ile ; il s'écoule du sein d'une roche primitive. On en retire une huile bonne à plus d'un usage, particulièrement en médecine ; la couleur de ce bitume est d'un noir très-foncé.

Le naphte de Bivona est huileux & faible : à vrai dire, c'est un bitume végétal, encore imparfait. Il sature de ses principes une fontaine du lieu, mais à la surface seulement ; car, comme j'ai observé ci-dessus, cette substance ne s'allie point avec l'eau ordinaire, sans le concours d'un alkali.

Le naphte de Girgenti est de la qualité du précédent ; en outre il est un peu fétide.

Le naphte du fleuve Symète est de la

M 4

nature de celui de Léonforte; mais quelquefois il s'éclaircit, & devient jaunâtre. À ce que je crois, c'est un des agens du fuccin de Sicile.

Le naphte de Polizzi est d'une qualité à peu près femblable; mais on en trouve très-peu.

Le naphte de Canallotto est tout-à-fait de la même nature que celui de Léonforte, excepté qu'il est plus noir, plus épais & plus odorant; c'est un vrai bitume Judaïque. Il est fi épais qu'il fe fige en coulant, & qu'à la longue il est à croire qu'il bouchera fon paffage. La croute qui s'est formée fur ces parois, s'est durcie à l'aide du tems, & a le coup d'œil du jaïet; mais n'en a pas la dureté.

CLASSE IV.

DU SUCCIN. (SUCCINUM VEL KARABE.)

SAns être bien varié dans ses mances, le succin ou ambre de Sicile présente des couleurs assez belles ; & quant à sa dureté, elle est égale à celle des ambres de Prusse, & de ceux de l'Ukraine Polonaise.

Malheureusement on n'en trouve qu'en petits morceaux, dont l'Art tire cependant tout le parti possible, en faisant mille bijoux prétieux. C'est à Catane & à Trapani qu'on travaille le mieux cette substance. Voici les principales variétés de l'ambre de Sicile.

1. *Ambre jaune du fleuve de Saint Paul ou Simete.*
2. *Ambre jaune de Radusa.*
3. *Ambre jaune de Girgenti.*
4. *Ambre blanchâtre opaque de Licata.*
5. *Ambre blanchâtre opaque de Capo d'Arso.*
6. *Ambre rouge-brun foncé de Licata.*
7. *Ambre rouge foncé de Terranuova.*
8. *Ambre rouge du fleuve Simete.*

Les infectes pris dans l'ambre, font communs en Sicile ; malgré cela la fraude les multiplie encore, en enfermant des mouches, des araignées, & d'autres reptiles dans de la gomme copale.

CLASSE V.

DES JAJETS. (GAGAS.)

AUx environs de l'Etna on trouve en terre des morceaux de deux pouces de longueur à peu près, d'un très-beau jaïet, que beaucoup de perfonnes, à caufe de fon beau poli naturel, & de fa belle couleur noire, appellent agate noire. Comme cette fubftance provient, comme on fait, de la deffication de l'afphalte, j'ai cherché partout afin de pouvoir découvrir ce bitume dans fon état naturel. Je croyais cela même d'autant plus aifé, que la Sicile offre fi abondamment tous les agens qui le compofent ; mais mes recherches ont été inutiles. Il faut que ce jaïet foit de très-ancienne formation, & que l'afphalte, qui abondoit ci-devant dans cette Ile, fût dès long-tems épuifé.

Ce jaïet n'eft pas inférieur en beauté à

ceux du Wirtemberg, & à ceux de l'Auvergne, confidérés comme les plus beaux de l'Europe. Les endroits où on le trouve plus fréquemment, font les Pétraglia, Bronte, Gampiglieri & Paterno.

CLASSE VI.

DU CHARBON DE PIERRE.
(LYTHANTRAX.)

LA Sicile n'avait qu'une feule carrière de houille ou charbon de pierre, encore était-elle de médiocre qualité. Un violent tremblement de terre, en 1693., combla les galéries, recouvrit les travaux, fi bien qu'on en a perdu jufqu'à la trace. Tout ce qu'on fait de ces carrières, c'eft qu'elles étaient fituées près de Meffine, du côté de la porte de la Ville, dite *della Legna*. J'ai vu plufieurs morceaux de ce charbon foffile dans divers cabinets en Sicile, entre autres dans celui du Prince de Bifcaris, à Catane ; j'en ai analyfé plufieurs fragmens, & j'ai reconnu, à la fuite de mes effais chymiques, que ce charbon était d'affez bonne qualité par lui-même ; mais qu'il abondait trop en foufre, ce qui le ren-

dait peu propre à être employé, foit pour
les ufages de la vie, foit dans les fourneaux des mines, pas même par les For-
gerons. On a entrepris de continuer les
recherches; ce dont on s'eft acquitté affez
négligemment jufqu'à préfent. Peut - être
que le charbon qu'on a retiré, n'a été
que le commencement d'un banc, dont
les têtes font prefque toujours furabondan-
tes de fouffre.

CLASSE VII.

DE LA TOURBE. (BITUMEN TERRA MINERALISATUM.)

A L'article des terres bitumineufes, j'ai
remarqué que la tourbe de la Sicile était
peu bonne, étant toute entière, compofée de plantes terreftres; pour l'ordinaire
ce font des orchis, des graminées, des
cypéroides, qui en forment la fubftance.
Quelle qualité inflammable peut donner la
deftruction de ces plantes aux molécules
terreftres qui s'uniffent à leur diffolution?
Il n'en eft pas de même dans les lieux où
le tems opère la décompofition des algues, des fucus, des foudes, des tamarif-

ques, &c. des fels acides & alkalins, des huiles effentielles, plus ou moins graffes ; peu de molécules terreftres, parce que l'eau les lave, & les emporte dans le moment même qu'elle dépofe par lits ; mille plantes, l'une plus riche que l'autre en fucs bitumineux ; enfin l'eau de la mer elle-même, remplie d'acides & de bitumes, tout concourt à enrichir ces couches végétales des fucs inflammables.

La Sicile n'a de tourbe qu'aux environs de l'Etna, particulièrement à Caftrogiovanni ; mais elle y eft peu abondante, & d'une qualité moins que médiocre.

CHAPITRE V.
DES SEMI-MÉTAUX, ET DES MINÉRALISATEURS.

CLASSE I.

DES SEMI-MÉTAUX, ET DES MINÉRALISATEURS EN GÉNÉRAL.

PLus on avance dans l'analyse des produits plus parfaits de la Nature que fournit la Sicile, moins y trouve-t-on d'objets dignes d'arrêter les regards de l'homme simplement curieux ; mais la pauvreté apparente de ce pays, au sein de son indigence, offre aux yeux du vrai Naturaliste des phénomènes plus capables de fixer son attention, que tous les trésors des pays les plus riches. Dans ces cantons favorisés par la Nature, & doués des productions les plus précieuses, la terre, au sein d'un calme parfait, a eu le tems de préparer dès long-tems ses trésors ; & par un travail lent, mais continuel, elle y a pu former ces immenses dépôts d'or, d'argent, de cuivre, de fer, de plomb, de semi-métaux, des cristeaux les plus rares, &c. En Sicile un désordre continuel, les convulsions les plus violentes, enfin le choc des élémens les plus contraires, ne permettant point à la Nature un libre cours dans ses travaux, ont détruit plus d'une fois son ouvrage, ont confondu les principes, ont répandu partout le désordre & l'horreur. Ce serait dans cette confusion même que j'irais chercher les produits les plus beaux, les phénomènes les plus étonnants, enfin les yeux du hasard les plus singuliers; & j'enricherais ma Minéralogie de leur description, si je ne craignais de sortir de mon sujet. Mais ce n'est pas ici que je dois rendre compte de ces trésors; je me restreindrai donc dans les bornes étroites de cet Ouvrage, & je réserverai à ma Théorie des Volcans, à faire paraître, dans tout son jour, toutes les richesses de la Sicile en ce genre.

Ce Chapitre consacré aux semi-métaux & aux Minéralisateurs, ne fera connaître que l'ouvrage de la Nature, aidée dans ses productions par la voie humide; & tout ce qui a dû l'être aux feux volcaniques, sera décrit dans la Théorie des Volcans.

CLASSE II.

DU VIF ARGENT, ET DU CINABRE.
(HYDRARGYRUM.)

LE commun des hommes porte pour l'ordinaire fur tout ce qu'il ne connaît pas, deux jugemens différens, celui d'accorder, ou celui de nier tout : tous les deux font extrêmes. C'eft ainfi qu'en général j'ai entendu parler de la Sicile, rélativement à tous fes produits. Tout homme raifonnable, fans être même Naturalifte, doit être plus avare de fon fuffrage, & ne l'accorder qu'après une analyfe foncière, faite par lui-même, ou d'après celle des perfonnes, à qui la fcience de la nature eft familière.

C'eft précifément au mercure de Sicile, & à fon cinabre que cette réflexion fe rapporte. Avant d'arriver dans ce Royaume, on m'a affuré que cette Ile n'en avait point du tout ; m'y trouvant, on m'a garanti qu'Idria n'était pas plus riche en ce produit, que la Sicile. A la fuite de mes recherches, j'ai reconnu la fauffeté des deux croyances. Il y a du mercure & du cinabre en Sicile, mais en petite

quantité,

quantité, & d'une qualité médiocre. En voici les variétés.

1. *Mercure de Paterno.*

Il fe trouve dans une efpèce de fchyfte grifâtre groffier. Il eft apparent en groffes globules, mais malgré cela il eft très-pauvre. Et à la fuite de mes effais, j'ai reconnu qu'il ne donnait pas plus de trois pour cent. Quelle différence de celui d'Idria qui donne quatre - vingt pour cent, & où le minérai au-deffous de quatorze pour cent, eft confidéré comme mauvais.

2. *Mercure de Marfala.*

Ce mercure fe trouve en globules éparfes dans la terre calcaire blanchâtre, fans aucune apparence de cinabre. Comme il eft féparé de toute gangue quelconque, on ne peut favoir au jufte ce qu'il donne par quintal de terre; mais ce qu'il y a de fûr, c'eft que fa récolte n'eft pas bien abondante. Les payfans recueillent ce vif argent d'une manière affez ingénieufe. Lorfqu'ils favent qu'il y a du mercure en quelque part, ils font une petite foffe dans l'endroit, & jettent des raclures de plomb &

N

d'étain au fond ; la pefanteur fpécifique entraîne les globules mercurielles, l'une après l'autre au centre de la foffe. Ces globules, par la propriété naturelle à ce demi-métal, fe joignent en fe rencontrant ; & bientôt formant une maffe affez confidérable, le mercure attaque les deux métaux, qui fe trouvent dans fon voifinage, les diffout, fe fature de leurs parties défunies, & bientôt forme avec eux une amalgame facile à être maniée. Dans cet état les payfans retirent le mercure du fein de cette terre, & le vendent ainfi aux Apothicaires, qui le féparent après de fes parties hétérogènes.

3. *Mercure de Lentini.*

Ce mercure eft également épars dans la terre ; mais fa gangue eft une argile grife, féche, réunie en maffes de différentes grandeurs, & fouvent formant des feuilles affez fines. C'eft le plus mauvais des mercures de la Sicile. D'ailleurs, il en vient fi peu, que cela ne mérite guère la peine d'en parler plus au long.

1. *Cinabre de Paterno.*

Ce cinabre fe trouve dans le même fchyfte

que celui qui renferme le mercure du même lieu. A vrai dire, ce n'eft que la décompofition du mercure même. Ce cinabre fe trouve en poudre, plus ou moins fine, & plus ou moins brillante, fuivant que ces grains font gros, ou atténués.

La comminuation du cinabre lui ôte abfolument fon éclat métallique. Ce cinabre eft très - fulphureux, & le foufre y fera pour le moins à l'égard du mercure, comme fept à un.

2. *Cinabre d'Affcro.*

Ce cinabre forme des morceaux compacts & brillants, de deux & de trois pouces de longueur, fur un pouce à peu près d'épaiffeur. Il eft dur, caffant & aigre; & pour peu qu'on le chauffe, il manifefte tout de fuite le vif argent qu'il cache dans fon fein. Le cinabre donne jufqu'à quarante-fix pour cent, quelquefois plus ; mais vingt ans de recherches ne fuffifent pas pour réunir un quintal de ce cinabre.

3. *Cinabre féléniteux & pyriteux, d'Af-foro*

Ce cinabre eft de la qualité du précédent,

& n'en diffère que par des cristeaux féléniteux, qui parsément les surfaces latérales de ces morceaux. Ces cristeaux sont quelquefois en lames, & quelquefois en rhombes. Entre les cristeaux se trouve une poudre jaunâtre, qu'il est aisé de reconnaître; c'est la destruction des Pyrites, dont la décomposition a même occasionné la naissance de ces cristeaux féléniteux, par l'union de l'acide vitriolique qu'elles contiennent, avec la terre calcaire, dans laquelle se trouve ce cinabre. Je regarde ce cinabre simplement comme une variété du numero 2.

4. Cinabre de Busacchino.

C'est à tort qu'on a donné le nom de cinabre à une terre rouge bollaire, mais mercurielle, qui se trouve à Busacchino; elle n'est nullement sulphureuse; & au feu laisse sublimer le mercure qu'elle contient, sans produire la plus faible odeur de soufre; c'est tout au plus, comme je l'ai dit plus haut, une terre mercurielle.

CLASSE III.

DE L'ANTIMOINE. (ANTIMONIUM.)

L'Antimoine eft très-abondant en Sicile, quoiqu'il ne foit pas de la première qualité ; il ferait cependant très-avantageux de l'exploiter un peu plus méthodiquement qu'on ne l'a fait jufqu'à préfent. Il eft ici en filons, comme partout; mais il abonde fi fingulièrement en foufre, & fur-tout en arfénic, qu'il eft de la dernière difficulté d'en obtenir un bon régule. Cependant dans les effais qui furent faits en 1731, on parvint à le purifier parfaitement de toutes fes parties hétérogènes. Cet heureux fuccès n'a pourtant fervi de rien ; foit par pareffe, foit par inhabilité, on fe contente de féparer fimplement le minérai d'antimoine de fes gangues pierreufes, & on le vend aux Vénitiens en nature. L'antimoine de Sicile eft de plufieurs efpèces, ou plutôt offre plufieurs variétés. Je vais en rapporter les principales.

1. *Antimoine de Novarra.*

Cet antimoine, en outre des particules

N 3

ſulphureuſes & arſénicales, qui ſont étroitement combinées avec lui, & forment, pour ainſi dire, ſes parties conſtituantes, tient encore du plomb & de l'argent, mais en faible quantité. Sa criſtalliſation eſt à petites lames, conglobées, conglutinées enſemble, & formant une eſpèce de pierre micacée, dont les bancs ſont aſſez étendus, & ſe trouvent pour l'ordinaire environnés de couches de terre calcaire jaunâtre, & de marne argileuſe ſéche. Cet antimoine à l'eſſai, a donné huit & demi pour cent.

2. *Antimoine de Roccalumiera.*

Cet antimoine eſt très-chargé d'arſénic, quelquefois apparent, & ſe manifeſtant au dehors par une poudre rouge-pale, quelquefois humide, & collée à l'antimoine; d'autre fois ſéche, meuble, & colorant les doigts au toucher. Il s'en faut de beaucoup cependant que cette poudre rouge ſoit de la qualité de celle qui recouvre l'antimoine ſpéculaire de la Toſcane. Elle n'eſt point aſſez abondante en ſoufre, pour pouvoir former, par ſon intermède, ces couches arſénicales brunes-rouges, qui caractériſent ce dernier. L'antimoine de Roccalumiera est à feuilles plus petites dans leur cristallisation. Le tissu de son minérai est plus serré, plus compacte ; aussi est-il plus pesant, & donne-t-il à l'essai jusqu'à quatorze pour cent:

3. *Antimoine de Niso.*

Cet antimoine est le plus riche de l'Ile, sa cristallisation est à aiguilles, souvent d'une demi-ligne d'épaisseur chacune, rangées par faisceaux, plus ou moins gros, & formant des morceaux souvent très-considérables. Cet antimoine est plus brillant, plus métallique, plus libre de parties hétérogènes, & donne à l'essai jusqu'à quarante pour cent. La gangue de cet antimoine diffère des autres ; c'est pour l'ordinaire un quartz blanc, rarement recouvert de cristallisations spathiques.

Malgré la richesse de ce dernier antimoine & son abondance ; car on en vend jusqu'à deux cents mille livres pesant de brut tous les ans. On n'a pas voulu encore établir des travaux fixes, soit pour une meilleure exploitation ; soit pour conserver au pays l'avantage d'une fabrique utile, & un profit considérable, dont, par sa mauvaise économie, la Sicile se dépouille en faveur des Nations commerçantes, qui viennent dans ses Ports acheter son antimoine crud.

CLASSE IV.

DE LA BLENDE. (PSEUDO-GALENA.)

LA blende, ou pseudo-galene se trouve généralement répandue en Sicile, dans tous les endroits qui fournissent du plomb ; mais elle n'y forme pas des masses aussi considérables, que celles que produisent ordinairement les autres mines de l'Europe, particulièrement celles d'Allemagne & de Hongrie. La qualité du minéral même est tout-à-fait particulière. La blende n'affecte point en Sicile d'autres cristallisations, que celles qu'on appelle communément grénelées, consistant en un amas de petits grains ronds, à peine perceptibles, d'une couleur noire-brune, faiblement attachés l'un à l'autre, & se désunissant au tact le plus léger. On ne fait nul usage de ce demi-métal en Sicile ; mais, à en juger par une poudre blanchâtre, espèce de cadmie volcanique, qui se trouve unie à cette blende, & qui n'est autre chose que la décomposition des fleurs de zinc, dont participe cette blende, je crois qu'on pourroit l'employer avec succès aux usages, auxquels on destine la pierre calaminaire. Les endroits où cette blende abonde le plus, sont Fondachelli & Limina. Novarra en produit aussi ; mais cette blende participe moins du zinc. J'ai appris que le célèbre Chevalier Rubilante, Piémontais, ancien Directeur des mines de Sa Majesté Sarde, a fait un Mémoire sur la manière de retirer le zinc de la blende, par une opération facile, peu dispendieuse, & qui serait suivie d'un résultat très - lu - cratif. Il serait a désirer qu'en se prêtant aux désirs de ses amis, & pour l'utilité publique, il mit au jour le fruit de ses recherches à cet égard.

CLASSE V.

DU SOUFRE. (SULPHUR.)

Quoique presque tous les soufres de la Sicile doivent leur existence à l'action des feux volcaniques, je crois cependant devoir faire mention ici de ce puissant Minéralisateur, en traitant des semi - métaux de ce pays.

Toutefois pour ne point empièter sur ma Théorie des Volcans, je ne rapporterai ici que ces espèces de soufre qu'on trouve dans la terre, y formant des masses considérables : de cette qualité, sont les suivants.

1. *Soufre vierge, du Fief dell' Occhio.*

Ce soufre est extrêmement abondant dans cet endroit, & s'y trouve en lames assez épaisses, recouvrant une espèce de schyste arénaire, ou plutôt de grès folié sabloneux ; il est très-pur dans sa qualité, s'y présente sous une apparence fusée, & est tout recouvert de cristeaux séléniteux, tantôt rhomboideaux, tantôt à aiguilles, & le plus communément triangulaires. Cette sélénite provient de l'union de la terre calcaire des environs, & des principes acides vitrioliques, qui ont concouru à la formation de ce soufre même.

2. *Soufre vierge, de Cataldo.*

Ce soufre est un des plus beaux de la Sicile, sa couleur est jaune - rougeâtre; il est compacte, pesant & diaphane. On le trouve en petits grouppes de deux pouces au plus d'épaisseur, & en une forme mamellonée. Sa beauté, sa rareté, & plus encore, le beau poli naturel que conservent ses éclats dans leur fracture, ont fait donner à ses rognons sulphureux le nom de *Occhi di Zolfo*, ou *Yeux de Soufre*. La teinte rougeâtre qui ternit sa diaphanéité & sa belle couleur jaune naturelle, proviennent de son mêlange avec le réalgar, ou arsénic rouge, dont on trouve quelquefois dans l'endroit des petits morceaux épars. Il est à supposer que ce soufre soit le produit d'une mouphette sulphureuse arsénicale, dont les exhalaisons rabattues par le toit de leur prison, se sont trouvées réunies dans le fond, sous une forme huileuse, & à l'aide du tems se sont condensées par la dessication naturelle.

3. *Soufre vierge, de Millocca.*

Ce foufre eft à peu près de la qualité du précédent ; mais il eft moins diaphane, & il n'a pas cette belle teinte rouge, qui colore le premier. Ces deux circonftances me feraient croire que l'arfénic a été le minéralifateur du foufre de Cataldo, & qu'en altérant fa couleur, il n'a pas peu fervi à lui donner la diaphanéïté fi rare dans la condenfation du foufre, qui, pour l'ordinaire, paffe de l'état huileux de fa liquidité, à un état pâteux & opaque, quand il eft une fois condenfé.

4. *Soufre vierge, de Noto.*

Ce foufre n'a pas la diaphanéïté de ceux de Cataldo & de Milloca ; mais il a une qualité particulière à lui feul, qui, aux yeux du Naturalifte, le fait préférer à tous les autres. C'eft celle d'affecter continuellement une criftallifation rhomboidale : configuration qu'on ne voit prendre au foufre en aucun endroit du monde. J'ai été long-tems arrêté par cette particularité, avant que de pouvoir m'enhardir à rien décider à ce fujet ; mais enfin, à la fuite de mes

essais, & par l'analyse de quelques filamens blanchâtres, qui séparent ces cristeaux, j'ai reconnu que c'était la sélénite
qui opérait ce nouveau phénomène. En
effet ce soufre, en oùtre des principes vitrioliques & du phlogistique, qui composent son essence, tient encore de la terre
calcaire, dont il m'a donné le résidu dans
mes procédés chymiques. J'ai été sur les
lieux, & j'ai employé tous mes soins pour
pouvoir me procurer quelques morceaux
un peu respectables de ce soufre. Mais
toutes mes peines ont été inutiles ; & le
plus gros morceau que j'en ai vu & pu
avoir, est celui dont le Grand Maître de
Malthe, actuellement régnant, a eu la bonté de me donner la moitié. Dans son in-
tégrité, ce morceau avait six pouces &
demi de France de longueur, sur quatre
& un quart de largeur, & à peu près
deux pouces & huit lignes de hauteur.
C'étoit un grouppe d'une trentaine de cristeaux rhomboidaux de soufre, couchés au
hasard l'un sur l'autre, & fortement cimentés entr'eux par les parties tangentes.
Chaque cristal séparément avait à peu près
huit lignes de longueur, sur deux de largeur, & autant d'épaisseur. Ce soufre est
transparent ; mais sa diaphanéité est louche,

& dans la combuftion il exhale une odeur fulphureo-terreufe, femblable en partie à celle que manifefteraient des os brûlés, fi on y joignait un peu de foufre. Non content d'analyfer ce foufre, j'ai cru devoir encore lui impofer un nom, & le diftinguer par une phrafe caractériftique, qui en fît un genre féparé : la voici telle que Mr. Scopoli l'a admife dans fa Criftallographie : *Sulphur Borchianum, ex Valle Notenfi in Sicilia; vivum, colore citrino, inftar falis cryftallifatum, figura rhomboidale, parum tranfparens, fragile, odore vitriolico fummo præditum, fpuma calcarea, & in fimul aluminofa inhærens fiffuris terræ in locis fubterraneis reperitur, levem tincturam rubram partibus exhibet, quam ab arfenico forfitan habet; rariffimum.*

5. *Soufre vierge, de Riefi.*

Ce foufre eft de la qualité de celui de Milloca, tout de même que ceux de Fiume Salato & de Capo d'Arfo.

6. *Soufre de Licata.*

Ce foufre eft un des plus abondans de

la Sicile ; il vient en couches, & forme des bancs aſſez conſidérables ; mais il eſt opaque, pâteux, & d'un jaune de citron clair ; ſa gangue eſt un ſable ſiliceux, & quelque peu pyriteux. On trouve dans ces carrières beaucoup de ſélénite, mais ſans aucune criſtalliſation, exactement prononcée, & paraiſſant avoir été figée à la ſuite d'un mouvement tumultuaire, occaſionné par la fermentation des agens conſtituans. On peut ranger ſous le même numéro le ſoufre d'Agrigente, de Bivona, de Falconara, de Terra nuova, de Mazzarino, d'Azaro & de Summatino, excepté que la gangue de celui de Terra nuova eſt marneuſe.

J'excepte de cette Claſſe tous les autres ſoufres de la Sicile ; parce que je les conſidère comme l'ouvrage direct des feux volcaniques, & comme tels, appartenans à ma Théorie des Volcans.

CLASSE VI.

DE L'ARSENIC. (ARSENICUM.)

NUlle part la Sicile ne manifeste ouvertement l'arsénic ; mais on l'apperçait communément allié à d'autres produits : par exemple, ce semi - métal manifeste sa présence à Mizilmeri, dans le dépôt d'une petite source, heureusement se trouvant à l'écart. Il se montre aussi uni à l'antimoine de Roccalumiera, comme je l'ai observé ci - dessus ; il tapisse quelques crévasses des mines de Niso ; il se trouve en petits cristeaux sulphureo-arsénicaux avec le soufre vierge de Milloca, & on en apperçait quelquefois les efflorescences sur les laves, & sur les roches exposées à l'action des mouphettes souterraines, qui sont assez fréquentes en Sicile. Voyez à cet égard ma Théorie des Volcans.

CLASSE VII.

DES PYRITES ET DES MARCASSITES:
(PYRITES ET MARCHASSITÆ.)

IL eſt très-naturel de trouver beaucoup de pyrites & de marcaſſites, dans un pays où l'acide vitriolique abonde, & où tous les autres agens de ces ſubſtances ne manquent point. Auſſi toute la Sicile eſt-elle remplie de pyrites & de marcaſſites. Il ſerait inutile de rapporter ſéparément tous les produits qui admettent ces deux natures; tous les jaſpes, & toutes les agates, preſque tous les criſteaux, & tous les marbres en contiennent, juſqu'aux pierres arénaires & à l'argile : tout en eſt comme farci. On en trouve même d'éparſes dans le terreau ordinaire. Cependant il eſt bon de faire ici une obſervation ; c'eſt que cette abondance ne s'étend que ſur les pyrites ſulphureuſes cuivreuſes, & rarement martiales ; les arſénicales ne ſe voient preſque point. Rélativement aux marcaſſites, la Sicile en fournit d'aſſez belles, qui peuvent même ſervir à tous les uſages auxquels on les deſtine dans les autres pays. En général

O

les pyrites abondent le plus à Castro-Réale & à Polizzi, & les marcassites à Saint Philippe d'Argiro, à Trapani & à Vicci-ni. La forme des premières est toujours en feuilles très-minces, & la cristallisation des autres est cubique pour l'ordinaire.

CHAPITRE VI.
DES MÉTAUX.

CLASSE I.

DES METAUX EN GÉNÉRAL.

SI l'on ne confulte que l'apparence, il n'eft point de pays qui puiffe difputer le pas à la Sicile pour la diverfité de fes produits dans tous les genres, même rélativement aux métaux. Au premier coup d'œil la Sicile a tout, mais bientôt, à la fuite d'une analyfe réfléchie, on reconnaît que la plupart des produits qui ont féduit les regards, ou ne font qu'apparents, & par conféquent illufoires, ou bien confiftent en fi peu de chofe, qu'il ferait inutile d'employer la moindre fatigue pour rendre profitables ces mines trompeufes. Cette connaiffance m'a engagé à divifer les métaux de la Sicile, non fuivant l'ordre qui leur a été de tout tems affigné par les Mineurs & par les Chymiftes, mais à raifon de leur plus ou moins d'abondance dans ce pays. C'est pourquoi je n'en forme que deux Classes ; l'une sous le nom de métaux riches de la Sicile, renferme les détails rélatifs à l'argent, au cuivre & au plomb de ce pays ; l'autre, sous l'appellatif de métaux pauvres de la Sicile, présente tout ce qui peut concerner l'or, l'étain & le fer de ce Royaume.

CLASSE II.

DES MÉTAUX RICHES DE LA SICILE.

QUoique le cuivre soit plus abondant en Sicile que l'argent, je crois cependant devoir commencer par ce dernier, comme étant un métal plus noble.

Privé de toutes les variétés qui distinguent l'argent dans les autres mines de l'Europe, particulièrement celles d'Allemagne & de Hongrie ; celui de Sicile, sous une simple cristallisation à petites feuilles, offre une qualité de métal toute aussi pure, & toute aussi bonne que celle des mines les plus estimées. Voici les principaux endroits qui en fournissent en Sicile.

1. *Mine d'argent de Fondachelli.*

Cette mine, une des plus anciennes de la Sicile, offre beaucoup de galeries & de puits, en partie épuisés ou comblés. La branche qui en produit le plus, est celle qu'on nomme sur les lieux, *Grotta di speuches*. L'argent s'y trouve en veines étroites, mais profondes & riches en minérais compactes & brillants. Ce minérai a pour gangue un quartz blanc, pur, sans aucune cristallisation spathique. Il se travaille aisément, & est très-profitable. L'argent s'y voit en petites feuilles métalliques entremêlées de molécules grénélées de plomb, & d'une terre métallique brune cuivreuse, mêlée de pyrites. Cette mine donne à l'essai seize onces d'argent, six rotules de cuivre, & très-peu de plomb.

2. *Mine d'argent de Niso.*

Le minérai de cette mine est le plus riche de toute la Sicile, particulièrement les morceaux qui proviennent de la galerie de Saint Charles. Le tissu du minérai est très-compacte, les molécules d'argent y sont plus abondantes, & la gangue terreuse plus friable. On trouve quelquefois dans cette mine des morceaux d'argent vierge, capillaire & dendritique, dans du quartz ; mais ils font extrêmement rares. Cette mine eft femblable à la précédente ; mais, comme je l'ai obfervé, elle eft plus riche, & donne dix-neuf onces d'argent, fix rotules de cuivre, & prefque point de plomb.

3. *Mine d'argent de Novarra.*

Cette mine eft de la qualité de celle de Fondachelli, excepté que le plomb ici eft plus abondant. Cette mine donne quarante-fept rotules de plomb par quintal. Elle eft auffi à petites écailles. Je crois qu'elle tient de l'argent vierge, mais il y en a fi peu qu'il eft imperceptible.

4. *Mine d'argent de Gallidoro.*

Cette mine, ainfi que celles de Cacamo, de San Philippo, di Argirio, du Mont San Giuliano & du Mont Scudieri, eft plus apparente qu'effective. Ces mines ne diffèrent entr'elles que par le plus ou le moins de plomb qu'elles tiennent, & qui dans leur minérai fe trouve uni à l'argent. Ces mines ne font d'aucun rapport, & flattent plus la curiosité du Naturaliste, qu'elles ne peuvent être utiles à celui qui en entreprendrait l'exploitation. Elles sont à petites écailles comme les précédentes.

Les mines de cuivre, non-seulement sont plus riches, mais encore offrent diverses particularités : en voici les principales.

1. *Mine de cuivre de Fondachelli.*

Ce cuivre est de la qualité de celui qu'on appelle communément cuivre noir, ou roche cuivreuse brune. En effet, c'est une pierre métallique qui, après avoir été grillée, & soumise à tous les feux qu'on emploie dans ces sortes d'opérations, manifeste la présence du métal. Ce minérai donne huit rotules par quintal.

2. *Mine de cuivre d'Ali.*

Cette mine est riche en cuivre, & produit un minérai composé de l'agrégation, d'une quantité inexprimable de petites feuilles métalliques, fortement cimentées l'une à l'autre, & se trouvant indifféremment tantôt sur le quartz, & tantôt sur une gangue de roche primitive. Ce minéraï pyriteux tient un peu d'argent, & donne à l'essai sept rotules de cuivre, & une once & un quart d'argent.

3. *Mine de cuivre de Misilmeri.*

Cette mine est pauvre, mais est très-compliquée; car elle offre, dans le même minérai, de l'argent & du plomb avec surabondance de cuivre; elle est plus terreuse que métallique : aussi ne l'exploite-t-on pas. Elle donne à l'essai deux rotules de cuivre, douze onces de plomb, & deux onces d'argent.

4. *Mine de cuivre de Niso.*

Cette mine est la plus apparente, & en même-tems une des plus riches de la Sicile. Son minérai étant composé de pyrites cuivreuses, paraît tout métallique ; mais on sait combien perdent ces mines en passant par le feu. Nonobstant cela, cette mine produit beaucoup de métal, & donne à l'essai onze rotules par quintal.

Le plomb n'est pas moins abondant en Sicile que le cuivre ; il se manifeste même en plus d'endroits. Mais à dire le vrai, on ne doit confidérer véritablement, comme mines de plomb, que les fuivantes.

1. *Mine de plomb de Limina.*

Cette mine, fur une gangue de roche brune, offre un plomb affez bon, fous la forme d'une galène à petits cubes. Ce plomb ne tient point d'argent du tout ; mais celui qu'on connaît dans le même endroit, fous le nom de plomb de *Grotta vecchia di San Paolo*, en contient affez abondamment. Le premier minérai donne à l'effai cinquante - deux rotules de plomb ; & le fecond quarante-huit , & cinq onces d'argent par quintal.

2. *Mine de plomb de Fondachelli.*

Le minérai de cette mine, particulièrement celui de la Galerie de Saint Jofeph, fe préfente fous une criftallifation à petites feuilles, & eft très - riche en argent. Sa gangue eft une roche argileufe, fouvent pourrie, & quelque peu fulphureufe. Ce minérai donne à l'effai foixante rotules de plomb, & fix onces d'argent par quintal.

3. *Mine de plomb de Novarra.*

Ce minérai eſt tout-à-fait ſemblable à celui de Fondachelli, excepté qu'il eſt encore plus riche en argent , & qu'on trouve beaucoup de veines quartzeuſes dans l'intérieur de cette mine. Il donne à l'eſſai ſoixante rotules de plomb, & huit à neuf onces d'argent par quintal.

4. *Mine de plomb de Niſo.*

C'eſt dans cette mine que le plomb eſt le plus apparent, parce qu'il ſe préſente ſous la forme de la galene à grands cubes. C'eſt auſſi dans cette mine qu'on apperçait dans les fiſſures du roc qui ſert de gangue , les effloreſcences arſénicales dont j'ai parlé ci - deſſus. Le minérai de ce plomb n'eſt pas trop abondant en quantité , mais il eſt très-riche, & donne à l'eſſai ſoixante-douze rotules par quintal.

CLASSE III.

DES METAUX PAUVRES DE LA SICILE.

JE crois pouvoir distinguer sous ce nom l'or, l'étain & le fer ; parce que dans toute la Sicile il n'y a pas une mine d'aucun de ces trois métaux. Cela ne suffit cependant pas pour en nier l'existence dans ce pays. Plus d'un produit en atteste la présence, & en outre de tout ce que j'en ai déja dit dans le cours de ma Minéralogie, & dans mes autres Ouvrages rélatifs aux minéraux de la Sicile, je crois devoir ici agiter plus foncièrement cette ques-tion.

Je ne citerai point tout ce que les Historiens anciens & modernes nous disent des richesses de la Sicile, rélativement à ses minéraux. Je ne rapporterai pas non plus tout ce que le vulgaire débite à ce sujet. Je ne consulterai que la nature elle-même ; & c'est d'après l'analyse rigoureuse de ses produits que je déciderai sur cet article.

L'on sait que plusieurs agates, & plusieurs jaspes de la Sicile, particulièrement le jafpe fanguin de Giuliano offrent, au milieu des plus belles couleurs, des taches fanguines, dont l'éclat furpaffe toutes les autres teintes. Dans l'analyfe que j'ai faite de toutes les pierres de la Sicile, j'ai eu particulièrement en vue la connaiffance de l'origine de ces taches; & à la fuite de vingt expériences, l'une plus rigide que l'autre, je fuis parvenu au point d'apprendre qu'elles provenaient d'une diffolution d'or, opérée par une eau régale naturelle, & précipitée par l'intermède de l'étain, ainfi que je l'ai décrit plus au long dans ma Lythologie, article *Jafpe fanguin*.

Cette preuve me paraît plus que fuffifante pour valider la croyance de l'exiftence de l'or & de l'étain en Sicile : j'y joindrai, pour ce dernier métal, encore cette obfervation. On fait combien l'étain influe fur la formation de ces efpèces de fchorles, connus fous la dénomination de crifteaux-d'étain. Sans la préfence de ce métal, comment eft-ce que le terrain de la Sicile pourrait être auffi rempli de ces crifteaux qu'il l'eft. Rélativement au fer, pourvu que l'on jette un regard fur les ochres & fur les autres diffolutions martiales, qui abondent en Sicile, pourvu que l'on analyfe la plupart de fes pierres, & la plus grande partie des eaux minérales de ce pays, particulièrement celle de Sclaffani, on n'aura plus aucun doute de l'exiftence du fer en Sicile. Mais tout ce qu'on peut en dire, c'eft que ces métaux font invifibles dans leur état métallique, & qu'il faut qu'ils aient été épuifés, ou bien qu'on ne les ait jamais mieux connus en Sicile ; mais qu'ils y ont de tout tems manifefté leur préfence, à l'aide de mille émanations. Lefquelles du fond des prifons fouterraines, qui retiennent encore ces métaux cachés à nos yeux, fe font détachées peut-être avec les vapeurs falines, & ont recouvert ce fol de cent principes métalliques, voilés fous une apparence d'une diffolution quelconque. Le tems enfuite avec le fecours des fels volcaniques, dont la Sicile eft fi riche, a combiné ces principes les uns avec les autres, & en a formé mille produits neutres, d'autant plus difficiles à décompofer, qu'ils font plus compliqués, & qu'ils ont plus d'agens concourans à leur formation refpective.

Je conclurai mes travaux fur les minéraux de la Sicile par quelques obfervations générales à leur fujet.

Toutes les mines de la Sicile fe trouvent dans des montagnes peu hautes, &

descendent peu sous terre. La plus profonde galerie est celle de Saint Charles qui se trouve, au plus bas, à cent soixante pieds sous terre. Il y a des puits plus profonds, mais qui ne passent pas les deux cents pieds.

Ma première intention en visitant ces mines avait été d'en lever la carte ; j'avais même commencé ce travail, mais j'en ai connu l'inutilité, en voyant le peu d'ordre qui régnait dans ces travaux ; & j'ai abandonné ce projet, dans lequel j'ai vu que mes Lecteurs n'auraient trouvé aucun agrément.

Au lieu de m'amuser à une description aride du local, je passerai à des détails plus intéressants.

Les mines d'argent se trouvent, ainsi que je l'ai observé, à Fondachelli, à Niso, à Novarra & à Gallidoro. Celles du premier endroit offrent des veines assez étroites, & étendent leurs ramifications à travers un quartz blanc assez compact ; aucun spath ne s'appercait dans cette mine. Quoiqu'on trouve quelquefois par hasard de petits morceaux d'argent natif, sous une forme métallique ramifiée, tout le minérai cependant de cette mine n'est composé que d'une agrégation de petites lames, ou feuilles métalliques d'argent, unies à des molécules de plomb, & à une terre métallique brune cuivreuse, chargée de pyrites tenant du cuivre. Ces veines percent le quartz en plusieurs endroits, & perdent leurs rameaux dans les terres; mais pour l'ordinaire ces bras font trompeurs.

La mine de Nifo est d'une nature semblable à celle de Fondachelli, & n'en diffère que par la gangue, qui est plus terreuse que quartzeuse. Elle tient un peu de cuivre en pyrites, & presque point de plomb. Ses filons font moins horizontaux que ceux de Fondachelli, & descendent fous terre du levant au couchant.

La mine de Novarra est à petites feuilles métalliques, comme les deux précédentes, mais avec la différence qu'elle ne tient point de cuivre, très-peu d'argent, & est très-abondante en plomb. Je ne fais pas pourquoi on lui donne le nom de mine d'argent; ce métal s'y trouvant à peine. Ces couches font aussi inclinées. Les autres mines d'argent dans cette Ile, font encore plus pauvres. Les mines de cuivre font beaucoup plus riches, & fe trouvent tantôt en gros filons pyriteux, & tantôt en roche brune cuivreuse.

Le plomb est le plus riche des métaux

de la Sicile. Ses filons auront souvent juf-qu'à trois pieds de largeur. Ils font plus horizontaux qu'inclinés.

Chaque mine en Sicile a fes bocards, fes lavages; mais c'eft *alle Trombe* qu'on porte les minérais pour être fondus; c'eft un lieu peu éloigné de' fiume de Nifo, deftiné à la fufion de tous les métaux de la Sicile. La Cour d'Efpagne y a fait des dépenfes énormes; il y a beaucoup de fourneaux & d'uftenfiles; mais quoique ces édifices aient été faits dans des vues bien grandes, ils manquent abfolument de def-fein & d'exactitude dans leur conftruction. Auffi Mr. Gombault de la Fontaine, dans une lettre qu'il écrivait au Prince Pigna-telli Strongoli, Directeur de ces mines, lettre que je poffède en original, fe plaint-il amèrement de n'avoir rien au milieu de fes richeffes, qui pût l'aider dans fon tra-vail.

Les bois néceffaires pour les fourneaux font affez abondants, fur-tout pour ceux qui font fitués près de Saint Paul dans le territoire de Limina.

Si les Siciliens ont été peu foucieux des travaux de leurs mines; ils l'ont bien plus encore été de ceux de leurs carrières. Par l'ignorance des Ouvriers, les plus belles

couches

couches fe trouvent eftropiées, fi j'ofe le dire ; car fans aucune connaiffance de leur métier, ils ont tantôt enlevé la tête de ces veines pierreufes, & tantôt ils en ont fait fauter en l'air en fragments le corps même. Cela n'empêche pas qu'il n'y ait encore en Sicile une abondance de marbres, & d'autres pierres utiles à la bâtiffe, ou à la décoration des édifices. Les jafpes & les agates font ceux qui ont le plus fouffert : auffi commencent-ils à diminuer dans ce Royaume ; & fi bientôt un fage réglement ne prévient point ces déprédations des Marbriers, il eft à craindre que ces pierres n'y foient détruites à jamais.

Les jafpes & les agates fe trouvent dans les montagnes les plus hautes du pays fur différentes gangues, & ne fuivent point une loi décidée rélativement aux dimenfions de leurs couches, & à la profondeur à laquelle elles fe trouvent fous terre.

Les marbres & les albâtres naiffent dans des montagnes moins hautes, & fe trouvent, pour ainfi dire, à fleur de terre ; leurs gangues font prefque toujours calcaires.

Par ces obfervations, & par toutes celles qui fe trouvent dans le corps de cet Ouvrage, je me flatte que tout Lecteur, au

P

fait de la Nature, pourra aisément concevoir une idée de la Sicile, & de ses richesses. Etranger moi-même, & voyageant dans un pays, où l'hospitalité seule des Colons ne suffit pas pour éclairer l'Observateur sur les produits du lieu, j'offre au Public un Ouvrage imparfait : je le sens bien moi-même ; mais que mes Juges consultent, comme moi, des lieux abandonnés à eux - mêmes & à la Nature belle, mais sauvage ; & je crois qu'au lieu de relever les fautes que j'aurois pu commettre, ils n'auront d'égards qu'à l'immensité de la carrière que j'ai parcourrue, & aux longs & pénibles travaux auxquels mon amour pour l'Histoire naturelle, & mon attachement pour la Sicile, m'ont assujetti.

AVIS AU LECTEUR.

SI je n'avais consulté que mon penchant pour l'Histoire naturelle, je me serais livré à l'examen des eaux minérales de la Sicile, avec la même ardeur qui m'a guidé dans l'analyse des autres produits Minéralogiques de ce Royaume ; mais la briéveté du tems, & sur-tout le manque de plusieurs réactifs absolument nécessaires dans ce travail, m'ont empêché d'y procéder avec la régularité que j'estime devoir être l'ame de tout essai ; & je n'ai pu faire à ce sujet que des notes décousues. La crainte d'offrir au Public cet Ouvrage imparfait, m'avait presque décidé à brûler mon manuscrit ; mais une autre considération m'a retenu, & m'a engagé même à le mettre au jour. Quoique jugeant

souvent au hasard, je me serais absolument trompé dans mes conclusions,
& que tout ce que j'ai dit sur la nature
des eaux de la Sicile, fût absolument
contraire à la vérité; ce qui me paraî-
trait un peu difficile, vu les caractères
invariables des substances constituantes
les eaux minérales, substances, dont
un Naturaliste pour l'ordinaire reconnaît aisément la présence, sans l'intermède même d'aucun toucheau chymique; mais enfin, quoique j'aurais
pris tout-à-fait le contrepied de la chose, ma Minérhydrologie serait toujours d'une grande ressource pour tout
Naturaliste voyageant en Sicile, dans
l'intention d'analyser ces eaux; car
elle l'instruirait du lieu où se trouvent
ces sources, & des propriétés qu'un
usage suivi a fait reconnaître dans les
eaux de chacune d'elles.

Je n'ai établi aucune hypothèse sur
la formation de ces sources minéra-

les , ne les ayant point examinées
assez rigidement, pour m'assurer certainement de tout ce qu'elles contiennent. Mais le Lecteur n'y a rien perdu ; car dans la plupart de ces sys-
têmes l'imagination, pour ne pas
dire le charlatanisme, a plus de part
qu'une sage & critique recherche des
principes agissans. Tel , ayant besoin
de sel de Glauber pour l'explication
de quelques phénomènes qu'opère la
source qu'il analyse, suppose dans les
bancs, au travers desquels elle passe,
des mines de natron, & de sel marin. Tel autre va chercher l'air fixe
au sein d'un roc primitif. Tel autre
enfin, pour vitrioliser sa source, annonce des dépôts pyriteux en décomposition, là, où peut-être jamais elles
n'ont existé. C'est ainsi qu'avec toute
la bonne foi possible, on trompe les autres, & soi - même le premier, en
adoptant une conséquence de raison-

nement, pour une vérité exiſtente.

D'après ces principes je me ſuis contenté d'une ſimple indication des ſources, rapportant fidélement ce que j'avois pu remarquer rélativement à chacune d'elles ſéparément, à la ſuite des caractères que j'ai cru reconnaître.

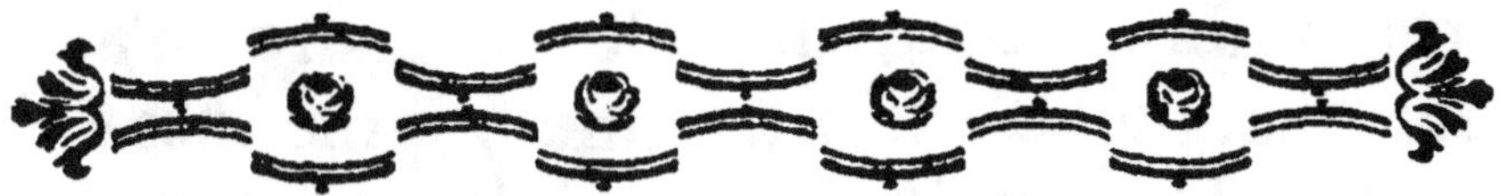

MINÉRHYDROLOGIE

SICILIENNE

OU CONNAISSANCE DES EAUX MINERALES DE LA SICILE

CHAPITRE I.

DES EAUX MINÉRALES EN GÉNÉRAL.
(AQUÆ MINERALES.)

LEs Ouvrages de tant de célèbres Naturalistes ayant éclairé l'homme fur les qualités falutaires des eaux minérales, préfentent cette branche de l'Hiftoire naturelle d'une manière trop intéreffante, trop utile à l'humanité, pour ne pas devoir attirer tous les regards fur les lieux favorifés par la Nature, où cette mere bienfaifante prodigue à fes enfans des fecours fûrs & abondans contre les maux qui les affligent. Cette confidération de tous tems a fixé les foins de tous les peuples. C'eft ainfi qu'on a vu cent Villes s'élever dans les voifinages de ces fontaines, auxquelles le vulgaire n'a jamais manqué d'attribuer une origine merveilleuſe. Un ſiècle plus philoſophique, portant ſur toutes nos lumières le flambeau de l'évidence, ſans diminuer en rien la juſte reconnaiſſance des hommes pour la main qui opérait ces merveilles, à fait également réfléchir ſes rayons ſur ces prodiges de la Nature, a analyſé ſes phénomènes, a ſondé les principes qui conſtituaient l'exiſtence & la différence de ces ſources, & établiſſant des axiomes chymiques, baſe inaltérable des connaiſſances humaines en ce genre, a fourni à tout obſervateur des moyens conſtatés & invariables, pour connaître telle eau que ce fût, qui offrit dans ſon fluide une variété quelconque, qui l'a fit différer de l'eau élémentaire.

Toutes les eaux minérales doivent leur exiſtence à l'union d'un minéral quelconque, avec une eau, ſoit courante; ſoit ſtagnante; & la différence d'un de ces agens fait varier l'eau en général. Bien ſouvent auſſi la préſence d'une ſubſtance tierce forme dans ce fluide des produits neutres que la Chymie même a de la peine à reconnaître. De là provient cette étonnante variété d'eaux minérales connues de nos jours, quoique leurs principes foient prefque toujours les mêmes. La feule Ile d'Ifchia en fournit près de vingt-quatre efpèces (*a*). On croirait, en fe contentant d'une analyfe fuperficielle, que ce rocher renferme dans fon fein tous les minéraux, tous les fels poffibles ; mais après un examen plus rigoureux, l'on reconnaît, avec étonnement, que cette Ile ne contient que quelque fels volcaniques, produits fur ce fol depuis plufieurs fiècles par l'action d'un feu violent, dans le tems qu'Ifchia était un Volcan elle-même. Les eaux minérales de la Sicile ont la même origine ; mais elles font moins variées dans leurs qualités.

On divife généralement les eaux minérales en deux Claffes, en eaux minérales froides, & en eaux minérales chaudes, autrement dites eaux thermales. Ce partage eft foumis à une fous-divifion rélative aux différentes efpèces d'eaux minérales que chaque terrain produit. Je ne parle ici que de celles qui fe trouvent en Sicile. Parmi les eaux minérales froides on obferve dans ce pays les efpèces fuivantes : 1. Eaux fmec

------

(*a*) Voyez la defcription & l'analyfe qu'en a fait le Docteur Don Nicola Andria. Elle eft, on ne peut pas plus intéreffante.

tites ; 2. eaux vitrioliques ; 3. eaux chargées de sel commun ; 4. eaux purgatives
à base de sel canthartique ; 5. eaux bitumineuses ; 6. eaux séléniteuses ; 7. eaux vitrioliques cuivreuses ; 8. enfin eaux alkalines
naturelles. De la qualité des thermales, on
ne trouve en Sicile que deux seules espèces : les eaux sulphureuses alkalines, & les
eaux sulphureuses ferrugineuses.Je vais passer
dans ce moment-ci à l'examen de chacune
d'elles séparément.

CHAPITRE II.

DES EAUX MINÉRALES FROIDES.
[AQUÆ MINERALES FRIGIDÆ.]

SECTION I.

DES EAUX SMECTITES. (AQUÆ SAPONARIÆ.

ON donne communément en Sicile le nom d'eaux fulphureufes, aux eaux fmectites ou favonneufes; parce qu'elles ont quelquefois une odeur fulphureufe. Mais on fait que cela provient de la diffolution des foufres naturels qui fe trouvent dans cette eau, unis à quelque terre bollaire. Quelquefois même il fe trouve dans ces eaux un peu d'alkali qui, s'uniffant au foufre qui peut être dans cette eau, y forme un faible *hepar fulphuris*, dont le lit de la fontaine eft fouvent tapiffé. De cette efpéce font les fuivantes.

1. Eau fmectite du Séminaire des Clercs, à Meffine.

Cette eau, en outre de la qualité favonneufe, a encore celle d'être purgative, à caufe de la préfence des bols, qui en font les premiers agens ; elle à un œil louche, eft graffe au toucher, & a une faible odeur foufrée.

2. Eau fmectite d'Aci Reale, hors de la Ville.

Cette eau eft d'une nature à peu près égale à la première, excepté que l'odeur fulphureufe en eft plus faible encore, & la vertu purgative plus forte, par la caufe naturelle de la furabondance des parties bollaires. Cette eau eft moins lympide que la première, & fon fédiment eft une terre blanche, graffe au toucher.

3. Eau fmectite de Noto, hors de la Ville.

Cette eau, ainfi que celle de Caftro-Giovanni, & celle de Paterno, font plus riches en foufre que les deux précédentes :

auffi font-elles moins purgatives. Cette eau eft affez claire ; mais elle a une très-forte odeur de foufre, & fon lit eft chargé d'incruftations jaunâtres, provénans des efflorefcences fulphureufes.

4. *Eau fmectite du puits de Saint Antoine, à Palerme.*

Quelque peu d'alkali uni dans cette eau à une égale quantité de foufre, & beaucoup de terre bollaire blanche, forme dans fon fein un peu *d'hepar fulphuris.* Auffi l'appelle-t-on communément eau fulphureufe ; mais cette dénomination ne peut lui convenir, le foufre étant fon plus faible agent. Elle eft fmectite comme les précédentes, mais avec furabondance d'alkali, & très-peu de foufre.

5. *Eau fmectite du Séminaire des Clercs, à Corléone.*

Cette eau eft la plus fulphureufe de toutes celles que j'ai analyfées ; l'*hepar fulphuris* y eft très-abondant, & le dépôt de cette eau defféché & jetté dans le feu, produit une flamme bleuâtre. C'eft peut-être la feule des eaux fmectites de Sicile qu'on pourrait confidérer comme fulphureufe; mais l'abondance des parties bollaires & alkalines, qu'elle tient en diffolution, s'op-pofe à cette dénomination.

Toutes ces eaux ont fait peu d'altération fur les teintures végétales bleues, à caufe de la double préfence d'un acide & d'un alkali, unis enfemble & liés par le phlo-giftique.

Avec furabondance d'acide, elles m'ont donné une terre alumineufe, provénant de l'union des acides, avec la terre argi-leufe ou bollaire, que cet eau tient en dif-folution.

Ces eaux font purgatives, mais agiffent lentement; on s'en fert auffi avec fuccès pour brifer la pierre des reins, à caufe des principes adoucis d'acide vitriolique qu'el-les contiennent.

SECTION II.

Des Eaux à bafe de fel commun. [Aquæ falfæ muriatinæ marinæ cum bafe fal gemmæ.

A la rigueur, la Sicile n'a point d'eau à bafe de fel commun; aucune fontaine, aucun puits dans ce pays, ne fourniffent un

fel femblable à celui que donnent Ro-
zieres & Château - falins en France ; mais
deffous la montagne qui renferme les
bancs de fel gemme de Caftro-Giovanni,
fe trouve une fource faiblement faturée de
principes falins. Quand même on ferait
bouillir l'eau de cette fontaine, on n'en
obtiendrait que très-peu de fel. Cependant
la préfence de ce minéral y eft affez fenfible au goût, quoiqu'elle foit de nul ufage
pour les maifons de graduations.

SECTION III.

Des Eaux vitrioliques. (Aquæ vitriolicæ.)

Le vitriol étant très-abondant en Sicile,
beaucoup de fources fe faturent de ces principes fouvent purs, fouvent unis à quelque autre fubftance, j'analyferai chacune
de ces efpèces dans des Sections féparées.
Dans ce moment, je n'ai en vue que les
eaux fimplement vitrioliques, fans l'addition d'aucune fubftance tierce, excepté le
fer qui fe trouve dans toutes ces eaux :
de cette qualité font les fuivantes.

1. *Eau vitriolique de Gampiglieri, dans la Campagne.*

Cette eau est extrêmement stiptique, & quelque peu acide, change la couleur des teintures végétales bleues, & noircit l'eau de galle ; ce qui ferait supposer quelques principes ferrugineux ; c'est la plus forte eau vitriolique de la Sicile.

2. *Eau vitriolique de Livari, près de la Ville.*

Elle est moins stiptique que la précédente ; & ne démontre pas au goût l'abondance du vitriol dont elle est saturée ; mais elle en contient beaucoup ; même ce sel devient apparent sur les bords de la fontaine, par sa jonction avec les principes ferrugineux, que tient en dissolution cette eau, en formant des cristeaux de vitriol martial, assez bien cristallisés. En trempant dans cette source des draps imbibés d'eau de galle, elle les noircit assez fortement.

5. *Eau*

3. *Eau vitriolique de Pétralia, dans un rocher hors de la Ville.*

Il est à observer que l'eau de Pétralia est plus faible en principes ferrugineux que la précédente. Elle est presque aussi riche en vitriol que celle de Gampiglieri ; son goût est des plus styptiques ; on en retire artificiellement de très-beaux cristeaux vitrioliques ; mais dans son état naturel, l'odeur seule décèle ses principes. Le territoire des environs est tout calciné, à peu près dans le goût de celui de la Récamarie dans le Forez en France, ou bien de celui de Viterbe. On peut obtenir aussi des cristeaux alumineux de cette eau, à cause du voisinage d'une terre argileuse blanche, qui recouvre quelquefois ces bancs calcinés d'une couche légère, mais pure.

Q

SECTION IV.

Des Eaux ferrugineuses. (Aquæ martiales.)

J'ai toujours foutenu dans tous mes Ouvrages, qu'il n'y a point de fer en Sicile, & je réitère ici la même affûrance ; mais en même-tems je répéterai dans cet article ce que j'ai déja dit dans ma Lythologie, que la Sicile devait avoir été riche un jour en fer ; car la plupart de ces terres font imprégnées de diffolutions de ce métal. Il eft vrai que les chaux ferrugineufes pures font rares dans ce pays, peu de bols, & prefque point d'ochres ; mais en revange on voit ici deux fources abfolument ferrugineufes, fans compter les fontaines vitrioliques faturées des principes de ce métal, dont j'ai parlé ci-deffus. Cette contrariété continuelle m'empêche de rien décider fur ce Chapitre. Peut être que le tems me fournira quelque lumière plus fûre, qui pourra fervir à la décifion de cette importante queftion. Voyez ma Minéralogie, Chapitre VI, Claffe III des Métaux pauvres de la Sicile.

1. *Eau ferrugineuse du puits de Saint Vitto, à Mazzara.*

Teinte en rouge par l'abondance de la diſſolution martiale qu'elle contient, cette eau a le goût de celle de Spa, & preſque toutes ſes propriétés. Elle eſt aſtringente & corroborante. J'ai eu un très-beau bleu de Pruſſe en précipitant la diſſolution détenue par cette eau, par le moyen de l'alkali phlogiſtiqué; enſuite par la réduction, j'en ai obtenu un aſſez bon fer.

2. *Eau ferrugineuse du fief d'Accia, près de Palerme, dans la campagne.*

Très-faible en principes ferrugineux, acidules & ſtyptiques. Cette eau eſt plus riche en vitriol qu'en fer; cependant je la place dans cette Claſſe, parce qu'elle m'a donnée auſſi du bleu de Pruſſe, & un ſoupçon de fer au moyen de la réduction.

SECTION V.

Des Eaux cuivreuses. (Aquæ vitriolicæ cupri.)

Toutes les mines cuivreufes abondent en fources, en eaux la plupart faturées des principes du minéral que renferme le lieu. La Sicile cependant n'en a guères qu'on puiffe appeller véritablement de cette nature. Une feule près de Milicia démontre une apparence cuivreufe par une chaux verdâtre qu'elle dépofe fur ces bords. Je n'ai pas eu le tems de la bien examiner ; je lui donne ici le nom de cuivreufe, appellatif que lui adjuge tout le monde ; mais je l'eftimerais ferrugineufe, & un peu arfénicale, & je croirais que fa chaux verte eft de la qualité de celle qui forme la terre verte de Verone, car cette eau eft mortelle pour tous ceux qui en boivent.

SECTION VI.

Des Eaux féléniteufes. (Aquæ feleniticliæ.)

L'abondance des bancs calcaires , & des principes vitrioliques , rend la félénite affez commune en Sicile , & en remplit la plupart de fes eaux, malgré la pureté apparente de celles de Palerme, une des Villes le mieux abreuvées peut-être de toute l'Europe. J'ai reconnu que les eaux de toutes fes fontaines contiennent de la félénite du plus au moins ; mais elle eft fi faible qu'elle ne peut être aucunement préjudiciable à ceux qui en boivent. Les eaux les plus féléniteufes font celles de Mont-Real.

SECTION VII.

Des Eaux alkalines. (Aquæ alkalinæ.)

Il y a à Palerme une eau falutaire pour les hommes, & nuifible aux animaux. Cette contrariété eft regardée comme un phénomène par le vulgaire, que la fuperftition couvre encore de fes ténébres. Ayant foumis cette eau aux réactifs chymiques, j'ai trouvé qu'elle était fulphureufe & trèsalkaline, par conféquent faine pour les hommes, & nuifible au bétail, pour qui l'on fait que le *hepar fulphuris* eft un poifon.

Cette eau fermente avec les acides, & change en vert les teintures bleues végétales.

SECTION VIII.

Des Eaux à base de sel neutre cauthartique. (Aquæ salinæ naturales.)

Les eaux à base de sel neutre sont de plusieurs natures en Sicile ; on n'en voit que de celles qui contiennent un sel cauthartique salutaire, dans le goût de celles de Seidliz, de Spa & d'Epsom.

1. *Eau douce à sel cauthartique, de la piana de' Greci, en campagne.*

Cette eau est très - bonne à boire, sa vertu est résolutive & purgative ; elle ne fermente ni avec les acides, ni avec les alkalis, à cause des principes d'acide vitriolique, & d'alkali de sel marin, qu'elle contient.

2. *Eau à sel cauthartique de S. Giuliano, près de Noto en campagne.*

Moins bonne à boire, parce qu'elle est plus chargée de principes acides & alkalins. Cette eau est un peu acidule, & dépose dans son lit un sel semblable à celui d'Epſom, tandis qu'on ne peut l'obtenir qu'artificiellement de la précédente.

3. *Eau à ſel cauthartique, de Palerme derriere le môle.*

Cette eau, ſans être auſſi chargée a l'apparence, que la précédente, de principes acides & alkalins, donne à la ſuite des procédés connus, une eſpèce de ſel admirable de Glauber ; ce ſel neutre eſt peutêtre celui que j'eſtimerais le plus en Europe, après celui d'Epſom. Cette eau eſt très-ſalutaire ; c'eſt un purgatif balſamique, ami de l'eſtomac, & libre de nauſées & d'émanations déſagréables.

Toutes ces eaux dépoſent beaucoup de terre magnéſiaque.

SECTION IX.

Des Eaux bitumineuſes. (Aquæ bituminoſæ.)

Les eaux bitumineuſes ſont de pluſieurs eſpèces ; il en eſt d'inflammables, il en eſt de fétides ; il en eſt enfin de diverſes qualités, ſuivant la nature de la ſubſtance, dont elles ſont ſaturées. Celles de Sicile

font à peu près toutes d'une même forte.
Voici celles que j'ai analyfées.

1. *Eau bitumineufe de Pétralia, en campagne.*

Cette eau eft bitumineufe à l'apparence feulement, & l'on voit furnager fur fa furface des gouttes huileufes affez abondantes. Le goût de cette eau eft acidule ; je crois qu'il provient d'une terre vitriolique du voifinage.

2. *Eau de pétréole de Pétralia, fortant d'un rocher.*

L'abondance de pétréole qui s'écoule à l'aide de cette fontaine, eft telle que le lieu même a pris le nom de ce bitume. Cette eau en eft même fi chargée , qu'elle fe fige fouvent dans fa courfe, & forme des pains de ce bitume.

3. *Eau bitumineufe de Canalotto, près de Nicofia, en campagne.*

Cette eau eft faturée de plufieurs principes ; elle préfente des gouttes de bitume, & tient de l'acide vitriolique, & un peu de fer. Cette combinaison la rend tenace, glutineuse & grasse ; son goût est acidule, ses dépôts sont ochracés.

4. *Eau bitumineuse de Girgenti, dans un jardin particulier.*

Cette eau est plus huileuse que bitumineuse, & je crois qu'elle doit cette qualité à la putréfaction seule des corps végétaux & animaux qui se trouvent dans son fond. Ce n'est point une eau courante, c'est une espèce de marre dans le fond d'un jardin. Je ne la placerais point ici, si plusieurs Siciliens ne lui avaient donné une célébrité qui ne lui est point due. On m'a assuré que cette eau contenait de l'air inflammable : je ne l'ai point essaié ; mais si cette observation est vraie, elle confirme ce que j'ai dit sur l'origine des principes de cette eau.

5. *Eau bitumineuse de Polizzi, hors de la Ville.*

Cette eau est à peu près de la qualité de la précédente, excepté que ses gouttes huileuses sont plus grasses, & que c'est une eau courante.

6. *Eau bitumineuse de San Stefano di Bivona.*

Cette eau est chargée de naphte pur, mais en très-faible quantité; dépouillée de ce bitume, elle est limpide & pure, & n'a aucune qualité particulière.

7. *Eau bitumineuse du fleuve de Saint Paul.*

Cette eau jadis était plus riche en pétréole; de nos jours elle l'est encore assez, & forme dans plusieurs endroits des dépôts, où l'on trouve des morceaux d'ambre assez gros, A Capo d'Arso, à Radusa & à Spacaforno se trouvent des eaux de la même qualité; cependant le meilleur ambre & le plus abondant vient du fleuve de Saint Paul.

Toutes ces eaux bitumineuses ne font que chargées de bitume, sans en être saturées; & aussi-tôt qu'on les dépouille du bitume, qui surnage sur leur surface, en le recueillant simplement avec une cuiller, elles n'offrent plus qu'un fluide insipide, comme celui de toutes les eaux de fontaine.

CHAPITRE III.

SECTION I.

DES EAUX THERMALES DE LA SICILE EN GÉNÉRAL. (AQUÆ THERMALES.)

LEs eaux thermales de la Sicile n'offrent que deux variétés principales ; elles font ou fimplement fulphureufes, ou bien fulphureufes & ferrugineufes en même-tems. Je les examinerai féparément.

SECTION II.

Des Eaux fulphureufes. (Aquæ fulphureæ.)

1. *Eau fulphureufe d'Ali, en campagne.*

Cette eau eft une des moins fulphureufes de la Sicile ; cependant elle exhâle une odeur foufrée très-forte, elle noircit l'argent, elle tapiffe fes bords d'efflorefcences fulphureufes, & quelquefois même de foi de foufre. Son dégré de chaleur eft de 33 dégrés au Thermometre de Réaumur; son goût est acidule, & quelque peu âcre. On la considère comme très - salutaire ; mais je confesserai que j'en craindrais l'usage à cause de l'âcrété qu'elle manifeste, & que j'attribue à une surabondance d'alkali, qui devient nuisible, quand il se trouve dans ce dégré de force, sur - tout à la longue. Et je pense que cette croyance est assez légitimée par l'affaiblissement des visceres des personnes qui en font un usage suivi, effet qui ne peut s'opérer que par le moyen de la saturation de l'acide gastric par l'alkali de cette eau. On sait combien cet acide est nécessaire à la concoction de nos alimens. Il n'est donc point étonnant que l'estomac soit affaibli, aussi-tôt que cet acide est sans action, & se voit employé à former un sel neutre.

2. *Eau sulphureuse de Bayuth, dans un Bourg.*

Cette eau est encore plus chargée de principes acides & alkalins que la précédente ; aussi ne l'emploie - t - on seulement que pour les bains. Cette eau a été connue encore du tems des Sarrazins, & elle a conservé le nom qu'ils lui avaient donnés. Son goût est acidule & âcre ; sa limpidité terne ; son dégré de chaleur est à 38 & demi, suivant le Thermometre de Réaumur.

3. *Eau sulphureuse de Termini, près de la Ville.*

Cette eau est la plus salutaire & la plus fréquentée de toute la Sicile. Elle est bonne à boire ; cependant on l'employe plus communément aux bains & aux douches. Son goût est acidule ; sa limpidité médiocre ; son dégré de chaleur est à 41, suivant le Thermometre de Réaumur.

4. *Eau sulphureuse de Cefalu, hors de la Ville.*

Cette eau est semblable à celle de Termini, excepté qu'elle est un peu alkaline, ce qui lui donne un goût un peu âcre ; sa limpidité est moindre, & son dégré de chaleur est à 39 & demi, suivant le Thermometre de Réaumur.

5. *Eau sulphureuse de San Calogero à Schiacca.*

Après l'eau thermale de Termini, celle de Saint Calogero à Schiacca, est considérée comme la plus salutaire de l'Ile. Son goût est âcre & styptique; sa limpidité est terne; & son dégré de chaleur est à 42, suivant le Thermometre de Monsieur de Réaumur.

Toutes ces eaux sont connues en Sicile; & les Médecins du lieu s'en servent utilement pour la guérison de leurs malades. On les emploie particulierement pour les maladies de peau, pour les rhumatismes, & pour quelques maladies internes même; mais on s'en sert plus pour l'usage des bains, que pour la potion. En cela j'admire la prudence des Médecins Siciliens, qui n'ordonnent pas à l'aveugle l'usage des eaux qu'ils ne connaissent pas à fond. Ceux des autres pays n'ont pas toujours la même retenue; & bien souvent l'ordonnance des eaux minérales devient plus salutaire aux malades par les bénéfices des voyages qu'elle occasionne, que par l'usage même du fluide ordonné.

SECTION III.

Des Eaux thermales ferrugineuses. (Aquæ sulphureo - martiales)

La Sicile n'a qu'une seule source de cette espèce ; c'est celle de Sclafani. En toute rigueur encore cette eau n'est-elle que sulphureo - alkaline, comme les autres ; mais j'ai cru devoir la séparer de celles que j'ai décrites ci-dessus, parce qu'elle contient un peu de fer. Elle le manifeste par un goût ferré, comme celui des eaux de Spa ; & son résidu, au moyen de la réduction donne du fer. Sa limpidité est troublée par la présence d'une espèce d'ochre martiale, & sa chaleur est à 42 & demi dégrés du Thermometre de Réaumur.

Cette eau est très-corroborante, & l'on s'en sert avec succès dans les maladies de langueur.

À la suite des eaux thermales de la Sicile, je crois devoir placer les étuves de Saint Calogero à Lipari, d'autant plus qu'à côté d'elles se trouve une eau minérale chaude ; cette eau est sulphureo - alkaline, d'un goût acidule & alkalin ; son odeur est un peu fétide ; sa limpidité médiocre,

& sa chaleur est à 34 dégrés du Thermometre de Réaumur.

L'étuve est au fond d'une grotte toute tapissée d'efflorescences sulphureuses, rougies par la présence de l'*hepar sulphuris*. La chaleur du lieu est à 44 dégrés du Thermometre de Réaumur.

Toutes ces observations ont été faites au printems, dans le courant des mois de Mars & Avril, dans de belles journées pour l'ordinaire.

Par ce narré on peut conclure aisément que les principes sont peu nombreux en Sicile. Cette observation doit rendre l'analyse de ce pays plus attrayante, vu qu'avec aussi peu d'agens on y trouve tant de variétés étonnantes dans tous les genres.

F I N.

TABLE

DES MATIÈRES TRAITÉES DANS CET OUVRAGE.

CHAPITRE II.

CHAPITRE III.

DES SELS.

CHAPITRE IV.

DES BITUMES EN GÉNÉRAL.

CHAPITRE V.

DES SEMI-MÉTAUX, ET DES MINÉRALISATEURS.

CHAPITRE VI.

DES MÉTAUX.

CHAPITRE I.

SECT.

DES EAUX MINERALES EN GENERAL.
(AQUÆ MINERALES.) . . 231

CHAPITRE II.

DES EAUX MINERALES FROIDES.
(AQUÆ MINERALES FRIGIDÆ.)

CHAPITRE III.

FIN
DE
LA TABLE.

TURIN.

DE L'IMPRIMERIE D'IGNACE SOFFIETTI.

IMPRIMATUR
F. VINCENTIUS MARIA CARRAS ORD. PRÆD.
S. T. M., VICARIUS GENERALIS
S. OFFICII TAURINI.
V. BECCARIA PRO CL. D. MAZZUCCHI
LL. AA. P.
VU PERMIS D'IMPRIMER
TURIN CE 16. FEVRIER
1780.
GARRETTI DE FERRERE POUR LA GRANDE
CHANCELLERIE.

OUVRAGES
DE MONSIEUR LE COMTE
DE BORCH
DE PLUSIEURS ACADEMIES
QUI SE TROUVENT CHEZ LES FRERES REYCENDS
LIBRAIRES A TURIN.

LYthographie Sicilienne ou Catalogue raisonné de toutes les pierres de la Sicile propres à embellir le Cabinet d'un amateur. 4. Naples 1777.

Lythologie Sicilienne ou connaissance de la nature des pierres de la Sicile suivie d'un Discours sur la Calcara de Palerme. 4. Rome 1778.

Lettres sur les Truffes du Piémont écrites en 1780. 8. Milan, avec 3. planches dessinées par l'Auteur & gravées par Louis Dagoty de Nice, & imprimées en couleur selon la manière inventée par son Pere.

Minéralogie Sicilienne docimastique & métallurgique ou connaissance de tous les minéraux que produit l'Ile de la Sicile, avec les détails des mines, & des carrières, & l'histoire des travaux anciens, & actuels de ce Pays, suivie de la Minérhydrologie Sicilienne ou la description de toutes les eaux minérales de la Sicile. 8. Turin 1780., avec 13. Tables renfermant les Terres, les Pierres, les Sels, les Bitumes, les Métaux, les semi-Métaux, & les Minéralisateurs, & toutes les Eaux soit minérales froides, soit thermales, qui se trouvent en Sicile.

Lettres sur la Sicile & sur l'Ile de Malthe à Mr. le C. de N. pour servir de supplément au voyage en Sicile & à Malthe de Mr. Brydone. 8. Turin 1781, avec trente Planches, parmi lesquelles est la Carte de l'Etna, celle de la Sicile ancienne d'après *Cluverius*, & une de la Sicile moderne dessinée par l'Auteur sur les Lieux, & gravée par Pittarelli à Turin.

TABLE

DES PRODUITS MINÉRALOGIQUES DE LA SICILE, RANGÉS PAR ORDRE ALPHABÉTHIQUE, SUIVANT LE NOM DES LIEUX.

DES TERRES.

LIEUX.	TERRES ARGILEUSES.	BOLS.	TERRES ARÉNAIRES.	TERRES GRAVELEUSES.	TERRES MARNEUSES	CRAIE.	TERRES GYPSEUSES.
ACIS *Fleuve*	Noirâtre grossière	o	o	o	o	o	o
AGRIGENTE	Brune grossière	o	o	o	o	Douce & friable	Très-fine
ALCAMO	o	o	Sabl. médiocrement fin	o	o	o	Grossière
ALICATA	Blanchâtre grossière	o	Sabl. médiocrement fin	o	Calcaire médiocr. fine	o	o
ALICURI, Ile d'	Blanche grossière	o	o	o	o	o	o
AUGUSTA	Rougeâtre fine & grasse	o	o	o	o	o	o
BAIDA	o	o	o	Grossière	o	o	o
BIVONA	o	o	o	Grossière	o	o	o
BUTERA	Blanchâtre fine & grasse	o	o	o	Très-argileuse	o	o
CACAMO	o	o	o	o	o	o	Médiocrement fine
CASTELLO-A-MARE	Brune grossière	o	Sable très-fin	o	o	o	o
CASTRO-GIOVANNI	Blanchâtre grossière	o	o	Médiocrement fine	Médiocrement argil.	o	o
CATANIA	Blanche fine & seche	Blanchâtre très-gras	Sable médiocre	o	Médiocrement fine	o	o
CENTORBI	o	Gras jaunâtre & très-alkalin	o	o	o	Grossière	o
DURILLO	Grise grossière	Médiocrement gras	o	o	o	o	o
GIANCAVALLO	o	o	o	Très-grossière	o	o	Assez fine
GIRGENTI	Voyez *Agrigente*						
GIBISO	o	o	o	o	o	o	Grossière
GOZZO, Ile de	Blanchâtre grossière	o	Sable grossier	o	o	o	o
PIANA DEI GRECI	o	o	o	Médiocrem. grossière	o	o	o
JACCI REALE	Noirâtre grossière	o	o	o	o	o	o
LIPARI	Grise fine & grasse	Médiocrement gras	Sable grossier	o	o	o	o
MALTHE	o	Médiocrement gras	Sabl. médiocrement fin	o	o	o	Assez fine
MARIA DEL BOSCO, S.ta	o	o	o	o	o	o	o
MARTINO, San	o	o	Sable médiocre	o	o	o	o
MAZZARA	o	o	o	o	o	o	Assez fine
MESSINA	Blanche médiocrement fine	o	Gros sable	Grossière	Médiocrement fine	o	o
MILAZZO	Jaunâtre, fine & grasse	o	o	o	o	o	o
MEZZOJUSO	o	o	o	o	o	o	Grossière
MONTE SANGIULIANO	Grise grossière	o	Sable fin	Très-fine	o	o	o
MONREALE	o	o	Sable médiocre	o	o	o	o
NISO, Fleuve de	Blanche fine & grasse, grise, médiocrement fine, & jaunâtre médiocrement fine	o	o	o	Très-fine	o	o
NOTO	Grise grossière	o	Sable très-fin	o	o	o	o
PALERME	Rougeâtre excellente	o	o	o	o	Douce & friable	Très-fine
PALMA	Grise grossière	o	o	o	o	o	o
PALAGONIA	o	Rougeâtre & le plus gras possible	o	o	o	o	o
PATERNO	o	o	o	Très-fine	o	o	o
PATI	Brune, fine & grasse	o	o	o	o	o	o
PIETRA-PERZIA	o	o	Gros sable graveleux	o	o	o	o
PANAREA	Brune grossière	o	o	o	o	o	o
PIAZZA	o	o	o	o	o	o	Assez fine
RACUJA	Blanchâtre excellente	o	o	o	Extrémement argil.	o	Grossière
RAGUSA	Fine & grasse	o	o	o	o	o	o
SALEMI	Blanchâtre médiocre	o	o	o	Peu argileuse	Friable	o
STRONGOLI	Brune grossière	o	o	o	o	o	o
SIRACUSA	Blanchâtre médiocrement fine	o	Sable assez fin	o	Très-calcaire	o	o
SYMETE	Grise grossière	o	o	o	o	o	o
TAORMINA	Rougeâtre assez fine & grise médiocrement fine	o	Sable médiocre	o	o	o	o
TRAPANI	o	o	Sable grossier	o	o	o	o

TABLE

DES PRODUITS MINÉRALOGIQUES DE LA SICILE, RANGÉS PAR ORDRE ALPHABÉTIQUE, SUIVANT LE NOM DES LIEUX.

SUITE DES TERRES.

LIEUX.	TERRES DE MOELLON.	TERRES ANIMALES, ET VÉGÉTALES.	TERRES MÉTALLIQ.	TERRES POURRIES.	TERRES SALINES.	TERRES LABOURABLES.	TERRES INCULTES ET ARIDES.
AGRIGENTE		Animale brune grossière. Végétale brune plus fine				Excellente	
ALCAMO	Grossière	Grossières		Grossière & schysteuse	Alkaline	Médiocrement bonne	En partie
ALI		Grossières	Verte cuivreuse	Provenant des rochers primitifs		Mauvaise	En partie
ALICATA		Végétale grossière			Alkaline	Médiocre	En partie
BAIDA		Végétale grossière		Prov. des montagnes		Médiocrement bonne	
CASTELLO-A-MARE		Animale blanchâtre assez fine		Provenant des rochers calcaires			
CALTANISETTA		Animale jaunâtre assez fine			Alkaline	Très-mauvaise	Presque toutes
CAMERATA		Végétale grossière		Prov. des montagnes	A bases de sel marin, & d'alkali	Médiocre	Peu
CAPO PASSARO	Assez fine					Médiocre	Peu
CASTEL-VETRANO		Anim. brune grossière				Mauvaise	Presque toutes
CASTRO-GIOVANNI				Prov. des montagnes	A bases de sel marin, & d'alkali	Médiocre	En partie
CATTARINA, S.ta	Grossière	Animale brune assez fine	Micassée à paillettes jaunes	Prov. des marbres	Amoniacale	Médiocre	En partie
CENTORBI	Grossière	Anim. brune grossière	Micassée à paillettes blanchâtres	Provenant des rochers calcaires	Amoniacale	Bonne	En partie
COLLI, I		Animale blanchâtre grossière		Prov. des granit. cariées		Très-bonne	
FONDACHELLI			Tenant argent & plomb	Provenant des rochers primitifs	Sulphureuse	Médiocre	
GAMPILIERI					Vitriolique & séléniteuse	Médiocre	Peu
GIRGENTI	Voyez *Agrigente*						
GOZZO, Ile de	Médiocrement fine					En partie	
LIMINA			Brune & grossière tenant du plomb	Prov. des montagnes	Quelque peu arsénical	Médiocre	
LIPARI, Ile de	Grossière	Animale jaunâtre assez fine		Prov. des montagnes	Amoniacale & sulphureuse	Bonne, peu travaillée	En partie
MARTINO, San	Jaunâtre assez fine	Anim. brune grossière	Quelque peu ferrugineuse	Prov. des montagnes	Alkaline	Médiocre	En partie
MESSINA		Anim. brune grossière	Tenant un peu de cuivre	Prov. des montagnes	Alkaline	Médiocre	En partie
MISILMERI			Verte tenant cuivre	Prov. des montagnes	Arsénicale	Mauvaise	En partie
MONTESANGIULIANO		Anim. brune grossière	Tenant étain			Mauvaise	Presque toutes
MONREALE		Anim. brune grossière	Un peu ferrugineuse	Provenant des rochers calcaires		Médiocre	En partie
NARO		Animale brune grasse & fine		Prov. des montagnes		Bonne	
NISO, Fleuve de		Animale blanchâtre assez fine	J. un. cérassée & bleu, tenant un peu de fer & de cuivre				
NOTO		Anim. brune grossière			Sulphur. & arsénicale	Médiocre	En partie
NOVARRA			Noire & fine tenant plomb		Sulphureuse & arsénicale	Excellente	
PALERME		Animale blanchâtre très-fine			Sulphureuse & arsénicale	Médiocre	En partie
PETRAGLIA		Végétale brune très-grasse		Prov. des montagnes	Alkaline	Médiocre	En partie
SAVOCA			Noire & fine tenant plomb & antimoine		Acide vitriolique	Médiocre	En partie
SIRACUSA	Jaunâtre assez fine	Végétale marine			Sulphureuse	Très-bonne	
TERMINI		Anim. brune grossière		Prov. des montagnes	Alkaline	Médiocre	
TRAPANI		Animale blanchâtre assez fine			A bases de sel marin & d'alkali	Médiocre	

TABLE

DES PRODUITS MINÉRALOGIQUES DE LA SICILE, RANGÉS PAR ORDRE ALPHABÉTHIQUE, SUIVANT LE NOM DES LIEUX.

DES PIERRES.

LIEUX.	PIERRES ARGILEUSES.	TUFS.	PIERRES ARÉNAIRES.	GRÈS.	PIERRES DE CORNE.	ASBESTES ET AMIANTES.	LIÈGE ET CHAIR FOSSILE.
AGRIGENTE	Brunes	o		o	o	o	o
ALCAMO	o	o	Médiocrement fines	o	o	o	o
BAIDA	o	o	o	A feuilles minces	o	o	o
BIVONA	o	o	o	A feuilles minces	o	o	o
BUTERA	Blanches sales	o	o	o	o	o	o
CALTANISETTA	Brunes	o	o	o	o	o	o
CALASCIBETTA	Jaunâtres	o	o	o	o	o	o
CAP LILIBÉE	Brunes	o	o	o	o	o	o
CAPO D'ORLANDO	Jaunâtres	o	o	Grossier	o	o	o
CASTELLO-A-MARE	o	o	Grossières	o	o	o	o
CASTRO-GIOVANNI	Jaunâtres	o	o	A feuilles épaisses	Très-fines de grains	o	Liége blanc sale
CATTARINA, S.ta	Rougeâtres	o	Médiocrement fines	o	o	o	o
CATANIA	Jaunâtres	o	o	o	Plus fines	o	Liége blanchâtre
CENTORBI	Savoneuses	o	o	o	o	o	o
CORLEONE	o	o	o	Pierr. meulière blanch.	o	o	o
CRISTINA, S.ta	o	o	o	Pierre meulière blanche mêlé de noir	Médiocrement fine	o	o
OURILLO	Grise	o	o	o	o	o	o
GIRGENTI	Voyez *Agrigente*						
GOZZO, Ile de	o	Médiocrement fin	o	Grossier	o	o	o
IACCI REALE	Noirâtres	o	o	o	o	o	o
MALTHE	o	Médiocrement fin	Sabloneuses jaunâtres	Grossier	o	o	o
MARTINO, San	o	Calcaire grossier	Grossières	o	o	o	o
MESSINA	Blanches	o	Grossières	Grossier & friable	o	o	o
MONREALE	o	o	Grossières	A feuilles épaisses	o	o	o
NISO, Fleuve de	Grises & blanches	o	o	o	Médiocrement fine	Blanchâtr. & verdâtres	Chair fossile blanchâtre
NOTO	Brunes	o	Fines de grains	o	o	o	o
PALMA	Grises	Micassé grossier & un autre grisâtre médioc.	o	o	o	o	o
RAGUSA	Grises	o	o	o	o	o	o
SYMETE	Grises	o	o	o	o	o	o
SIRACUSA	Blanches sales	Jaunâtre assez fin	Médiocrement fines	Pierre meulière grise, & blanchâtre	o	o	o
TAORMINA	Argileuses grises & rougeâtres	o	o	Grossières	o	o	o
TRAPANI	o	o	Médiocrement fines	o	o	o	Chair fossile blanche sale
TRIZZA	Brunes	o	o	Grossier	o	o	o

TABLE

DES PRODUITS MINÉRALOGIQUES DE LA SICILE, RANGÉS PAR ORDRE ALPHABÉTHIQUE, SUIVANT LE NOM DES LIEUX.

SUITE DES PIERRES.

LIEUX.	SCHYSTES ET ARDOISES.	SPATHS FUSIBLES.	QUARTZ.	SILEX.	JASPES.	AGATES.	CRISTAUX.
ABISSO, fleuve	o	o	o	o	o	Jaune vive	o
ACIS, fleuve	o	o	o	o	o	Verte obscure	o
ADRAGNO	o	o	o	o	o	5. especes. V. Art. Agate	o
BIVONA	o	o	o	Gris	9. especes. V. Art. Jasp:	5. especes	o
CACAMO	o	o	o	o	Vert clair	Jaune pale & une transparente	o
CALTABUTURO	o	o	o	o	2. especes	4. especes	o
CAMERATA	o	o	o	o	7. especes	9. especes	o
CANDITA	o	o	o	o	Jaune	Jaune sale	o
CANELLI	o	o	o	o	Jaune & rouge pale	2. especes	o
CAPUTO	o	o	o	o	Jaune vigoureux	o	o
CASSERO	o	o	o	o	Vert obscur	o	o
CASTELLACCIO	o	o	o	o	Jaune à taches noires	4. especes	o
CASTRO-GIOVANNI	o	o	o	o	Rouge & noir	o	o
CASTRONUOVO	o	o	o	o	3 especes	4. especes	o
CATANIA	Schyste rougeâtre	Fel spath rougeâtre	Rouge	o	o	o	o
CATTARINA, S.ta	Schyste fauve	o	Opaque & dur	o	o	o	Sédimenteux & cristal limpide
CEFALU	o	o	o	o	5. especes	5. especes	o
CENTORBI	Schyste fauve	o	Blanc pyriteux	o	o	o	Cristal mousseux & pourreux
CENTORIPA	o	o	o	o	Vert obscur	o	o
CHIAPPANTE	o	o	o	o	o	4. especes	o
CHIUSA	o	o	o	o	Bleu clair	o	o
CRISTINA, S.ta	o	o	o	o	4. especes	4. especes	o
DURILLO	o	o	o	o	o	2. especes	o
GIANCAVALLO	o	o	o	o	Vert pale	3. especes	o
GIULIANA	o	o	o	o	47. especes	9. especes	o
GOLISANO	o	o	o	o	o	2. especes	o
LATO, fleuve	o	o	o	o	o	2. especes	o
MAGLI	o	o	o	o	Rouge	2. especes	o
MARIA DEL GESU', S.ta	o	o	o	o	o	2. especes	o
MARIA DEL BOSCO, S.ta	o	o	o	o	o	Jaune pale	o
MESSINA	Charbonneux	o	o	o	o	o	o
MICHELE, fleuve San	o	o	o	o	o	2. especes	o
MILIZIA	o	o	o	o	o	Jaune clair	o
MISANIO	o	o	o	o	o	2. especes	o
MISILCANNONE	o	o	o	3. especes	7. especes	2. especes	o
MISILMERI	o	o	o	o	7. especes	6. especes	o
MOARDO	o	o	o	o	Jaspe rouge foncé	2. especes	o
MONREALE	o	o	o	o	Rouge clair	5. especes	o
MONTEVAGO	o	o	o	o	Rouge vif	o	o
NISO, Fleuve de	o	Jaunâtre, verdâtre & grisâtre	Bleuâtre	o	o	o	o
ORETE, Fleuve de	o	o	o	o	Rouge & vert avec marcassites	4. especes	o
PALAZZO ADRIANO	o	o	o	o	Jaune rougeâtre	3. especes	o
PALERME	o	o	o	o	o	3. especes	o
SELINUNTE	o	o	o	o	o	Jaune vive	o
TAORMINA	o	o	o	o	o	3. especes	o
TERMINI	o	o	o	o	o	2. especes	o
TRAINA	o	o	o	o	o	3. especes	o
ZAFUTTI	o	o	o	o	o	2. especes	o
REBOTONE	o	o	o	o	o	2. especes	o

TABLE

DES PRODUITS MINÉRALOGIQUES DE LA SICILE, RANGÉS PAR ORDRE ALPHABÉTHIQUE, SUIVANT LE NOM DES LIEUX.

SUITE DES PIERRES.

LIEUX.	PIERRES CALCAIRES DE MONTAGNE.	TUFS COQUILLIERS CALCAIRES.	PIERRES A CHAUX.	MARBRES.	ALBATRES.	CONCRÉTIONS.	LUMACHELLES.
ALLIA	o	o	o	Blanc sale	o	o	o
ARAGONA	o	o	Blanchâtre	Blanc sale	o	o	o
BECHIVELLE, fleuve	o	o	o	Blanc sale	o	o	o
BILEMI	o	o	o	2. especes	o	o	o
BUZACHINO	o	o	o	4. especes	o	o	Lumachelle grise
CALOGERO, fleuve San	o	o	o	Jaunâtre ondé de vert	o	o	o
CAPO PASSARO	o	Jaunâtre grossier	o	o	o	o	o
CAPUTO	o	o	o	o	Véné de jaune & de blanc	o	o
CARLO, fleuve San	o	o	o	Vert à veines blanches	o	o	o
CASTELLACCIO	o	o	o	2. especes	o	o	o
CASTELLO-A-MARE	o	o	o	7. especes	o	o	o
CASTRONUOVO	o	o	o	3. especes	o	o	o
CATANIA	Blanchâtre	o	o	o	o	o	o
CATTARINA, S.ta	o	o	o	o	o	o	o
CEFALU	o	o	o	2. especes	o	Stalactites blanches	Grisâtre
CENTORBI	o	o	o	o	o	Stéléchite brune jaunâtre	o
COLLI, i	o	o	o	3. especes	o	o	o
CORLEONE	o	o	o	2. especes	o	o	o
GALLO	o	o	o	7. especes	o	o	o
GIBICO	o	o	Blanchâtre	o	o	o	o
PLANA DEI GRECI	o	o	o	8. especes	o	o	o
MALTHE	o	o	o	o	5. especes	o	o
MARIA DEL BOSCO, S.ra	o	o	o	4. especes	o	o	o
MARTINO, San	o	Jaunâtre	o	o	o	o	o
MEZZOJUSO	o	o	Blanchâtre brillante	o	o	o	o
MONTE PELLEGRINO	o	o	o	o	5. especes	o	o
MONREALE	o	o	o	o	Onde de rouge vif	o	o
NISO, Fleuve de	o	o	o	Nuancé de rouge	o	o	o
OCCHIO, Fief dell'	o	o	o	3. especes	o	o	o
PALERME	o	o	o	Brèche siliceuse	o	o	o
RACUJA	o	o	Grisâtre	o	o	o	o
RAGUSA	Grisâtre	o	o	o	o	o	o
ROCCA DEI PANI	o	o	o	Rouge	o	o	o
SALONICHI	o	o	o	Vert clair	o	o	o
SAGUNA	o	o	o	o	Obscure véné de jaune	o	o
SCIACCA	o	o	o	Gris blanchâtre	o	o	o
SIRACUSA	Jaunâtre	Jaunâtre	o	o	o	Stalactites brunes	o
TAORMINA	o	o	o	13. especes	o	o	o
TERMINI	o	o	o	Vert à veines blanches	o	o	o
TRAPANI	o	o	o	13. especes	3. especes	o	Grise
VERDURA, la	o	o	o	Héliotrope	o	o	o

TABLE

DES PRODUITS MINÉRALOGIQUES DE LA SICILE, RANGÉS PAR ORDRE ALPHABÉTHIQUE, SUIVANT LE NOM DES LIEUX.

SUITE DES PIERRES.

LIEUX.	SILEX CRÉTACÉS.	GRANITES VULGAIR.	MICA.	TALCS.	SERPENTINES.	HÉLIOTROPES.	TARTARUCCA.
CATTARINA, S.ta	○	○	Jaune à petites lames	○	○	○	○
CENTORBI	○	○	Blanc	○	○	○	○
COLLI, i	○	2. especes	Noir compacte	○	○	Vert à taches jaunes	○
GIRGENTI	○	○	○	Compact & ecailleux	○	○	○
GIULIANA	○	○	○	○	○	Vert foncé à taches rouges	○
MARIA DEL BOSCO, S.ta	○	○	○	○	○	○	Brune
MISILCANNONE	Brun	○	○	○	○	○	○
MONTE ETNA	○	○	○	○	Blanchâtre à taches jaunes	○	○
MONTE SAN GIULIANO	○	○	○	○	○	○	Brune clair
NISO, Fleuve de	○	○	○	○	Verte	○	○
SCIACCA	○	○	○	○	Verte	○	○
VERDURA, la	○	○	○	○	○	Vert à ramages	○

TABLE

DES PRODUITS MINÉRALOGIQUES DE LA SICILE, RANGÉS PAR ORDRE ALPHABÉTHIQUE, SUIVANT LE NOM DES LIEUX.

SUITE DES PIERRES.

LIEUX.	SPATHS CALCAIRES.	GYPS.	MOELLON RÉFRACT.	ALABASTRIDES.	SPATHS FUSIBLES, RÉFRACTAIRES.	PIERRES SUILES.	ZÉOLITES.
AGRIGENTE	o	Blanc à petits grains, & un autre spéculaire	Blanchâtre	o	o	o	o
CARLENTINI	o	o	o	o	Blanchâtre	o	o
CASTRO-GIOVANNI	Cubique transparent	Cristallisé blanc grisâtre, & un autre en groupes	o	o	Verdâtre strié	o	o
CATTARINA, S.ta	En colonne	o	o	o	o	o	o
CENTORBI	Pyramidal triangulaire	o	o	o	Verdâtre	Brune	Spathique
COLLI, i	o	o	o	o	o	o	o
GIRGENTI	Voyez *Agrigente*						
GOZZO, Ile de	o	o	o	Jaune clair	o	o	o
LIMINA	Cristallisé irrégulièrement	o	o	o	o	o	o
MONREALE	Cristallisé irrégulièrement	o	o	o	o	o	o
NISO, Fleuve de	o	o	o	Blanchâtre verte & jaune	o	o	Spathique
NOTO	o	o	o	o	Feuillé blanchâtre	Blanche jaunâtre	o
TAORMINA	o	o	o	Rouge & jaune	o	o	o

TABLE

DES PRODUITS MINÉRALOGIQUES DE LA SICILE, RANGÉS PAR ORDRE ALPHABÉTHIQUE, SUIVANT LE NOM DES LIEUX.

SUITE DES PIERRES.

LIEUX.	AVANTURINES.	PIERRES PYRITEUS.	CAILLOUX RAMIFIÉS	ROCHES A EMPREINT.	YEUX DE SERPENT.	PIERRES STELLAIRES	LUNARIA.
BILEMI	o	o	Dentérites de 5. efpeces	o	o	o	o
CAPUTO	Brunes	o	o	o	o	o	o
DURILLO	o	o	o	o	o	Cérébrites	o
MALTHE	o	o	o	o	3. efpeces	o	o
MESSINA	o	o	o	Schyftes charbonneux	o	o	o
NISO, Fleuve de	o	Roches pyriteufes, & 4. efpeces de Lapis-Lazuli	o	o	o	o	o
PALERME	o	o	o	Pierres figurées blanchâtres	o	o	o
SCIACCA	o	o	o	o	o	o	Jaune
SCOGLIETTI, gli	o	o	o	o	o	Cérébrites	o

TABLE MINÉRALOGIQUE
DES SELS
QUE PRODUIT LA SICILE, RANGÉS PAR ORDRE ALPHABÉTHIQUE.

LIEUX.	SEL MARIN.	SEL DE FONTAINE.	SEL GEMME.	NITRE.	ALUN.	VITRIOL.
AGRIGENTE	o	o	o	Assez bon	o	o
AUGUSTA	Quelque peu acre	o	o	o	o	o
CALTAGIRONE	o	o	o	Médiocre	o	o
CALTANISETTA	o	o	En faible quantité	o	o	o
CAMMARATA	o	o	Balsam que	o	o	o
CASTRO-GIOVANNI	o	Faible en principes	Très-abondant, & excellent	o	o	o
CATTOLICA, La	o	o	Terreux	o	o	o
FRANCOFORTE	o	o	o	Médiocre	o	o
GAMPILIERI	o	o	o	o	o	o
LIPARI	o	o	o	o	Plumeux & sulphureux naturel	Martial & cuivreux
MARSALA	o	o	o	Assez bon	o	o
MESSINA	Moins acre	o	o	o	o	o
MONTEROSSO	o	o	o	o	Naturel terreux	o
NARO	o	o	o	Médiocre	o	o
NISO	o	o	o	o	o	Plumeux blanchâtre, & vitriol martial
PETRAGLIA, grande	o	o	o	o	Naturel pur	Cuivreux en efflorescence
PETRAGLIA, piccola	o	o	o	o	o	Martial
REGALMUTO	o	o	Peu abondant	o	o	o
SCIACCA	o	o	o	Médiocre	o	o
SORTINO	o	o	o	Médiocre	o	o
SPACCAFORNO	Acre	o	o	o	o	o
STRONGOLI	o	o	o	o	Plumeux & sulphur.	o
SIRACUSA	o	o	o	Excellent	o	o
TERRA NUOVA	o	o	o	Excellent	o	o
TRAPANI	Excellent	o	o	o	o	o
VOLCANO	o	o	o	o	Plumeux, très-sulphureux & quelque peu amoniacal	o

TABLE MINÉRALOGIQUE
DES BITUMES
QUI SE TROUVENT EN SICILE, RANGÉS PAR ORDRE ALPHABÉTHIQUE.

X

LIEUX.	PÉTRÉOLES.	NAPHTES.	SUCCINS.	JAYETS.	HOUILLES.	TOURBES.
AGRIGENTE	o	Abondant, noir, & fétide	Jaune.	o	o	o
BIVONA	o	Huileux & faible en principes	o		o	o
BRONTE	o	o	o	Noir, abondant & léger	o	o
CANALOTTO	o	Noir, épais, & odorant	o	o	o	o
CAPO D'ARSO	o	o	Blanchâtre opaque	o	o	o
CASTRO-GIOVANNI	o	o	o	Léger, abondant, mais brun	o	Peu abondante, & médiocre
ETHNA, Environs de l'	o	o	o	Noir, léger, mais peu abondant	o	Abondante, mais très-médiocre
GAMPILIERI	o	o	o	Moins noir, mais léger	o	o
LEONFORTE	o	Abondant &excellent	o	o	o	o
LICATA	o	o	Blanchâtre opaque & brun foncé	o	o	o
MESSINE	o	o	o	o	Très-sulphureufe	o
PAOLO, fleuve San	o	Excellent, mais d'une couleur jaunâtre	Jaune & rouge	o	o	o
PETRAGLIA, grande	Huileux roussâtre abondant	o	o	Noir, odorant & compacte	o	o
PETRAGLIA, piccola	Huileux jaunâtre moins abondant	o	o	Noir, léger, & brillant	o	o
PATERNO	o	o	o	Noir, léger & compact.	o	o
POLIZZI	o	Excellent, mais peu abondant	o	o	o	o
RADUSA	o	o	Jaune	o	o	o
TERRANUOVA	o	o	Rouge foncé	o	o	o

TABLE MINÉRALOGIQUE
DES MÉTAUX, DES SEMI-MÉTAUX, ET DES MINÉRALISATEURS
QUE RENFERME LA SICILE, RANGÉS PAR ORDRE ALPHABÉTHIQUE.

LIEUX.	OR.	ARGENT.	CUIVRE.	ÉTAIN.	PLOMB.	FER.
ALI	°	°	A petites feuilles	°	°	°
CACAMO	°	Pauvre & mélangé	°	°	°	°
FONDACHELLI	°	A petites feuilles	Noir	°	A petites feuilles tenant argent	°
GALLI D'ORO	°	Pauvre & mélangé	°	°	°	°
GIULIANO, San	En teinture de Cassius	°	°	En teinture de Cassius	°	°
LIMINA	°	°	°	°	En galene à petits cubes	°
MAZZARA	°	°	°	°	°	En dissolution dans une source
MISILMERI	°	°	Pauvre, mais tenant argent & plomb	Cristaux d'étain	°	°
NISO	Prétendu dans le Lapis-Lazuli	Très-riche à petites feuilles	Mine pyriteuse	°	Galene à grands cubes	°
NOVARRA	°	A petites feuilles tenant plomb	°	°	A petites feuilles tenant argent	°
PALERME (aux environs)	°	°	°	°	°	En dissolution dans une source
PETRAGLIA, piccola	°	°	°	°	°	En dissolution dans une source
SCLAFFANI	°	°	°	°	°	En dissolution dans une source

SUITE

DE LA TABLE MINÉRALOGIQUE
DES MÉTAUX, DES SEMI-MÉTAUX, ET DES MINÉRALISATEURS
DE LA SICILE.

LIEUX.	MERCURE.	CINABRE.	ANTIMOINE.	BLENDE.	SOUFRE.	ARSÉNIC.	PYRITES ET MARCASSITES.
AGRIGENTE	o	o	o	o	Abondant & opaque	o	o
ASSORO	o	Un compacte & brillant & l'autre séléniteux & pyriteux	o	o	Abondant, mais opaque	o	o
BIVONA	o	o	o	o	Abondant mais opaque	o	o
BUZACHINO	o	Terre rouge mercurielle	o	o	o	o	o
CAPO D'ARSO	o	o	o	o	Excellent & séléniteux	o	o
CASTRO-REALE	o	o	o	o	o	o	Pyrites cuivreuses & marcassites grandes & belles
CATALDO	o	o	o	o	Jaune & diaphane	o	o
FALCONARA	o	o	o	o	Abondant mais opaque	o	o
FIUME SALATO	o	o	o	o	Excellent & séléniteux	o	o
FONDACHELLI	o	o	o	A petites feuilles	o	o	o
LENTINI	Épars dans la terre & peu abondant	o	o	o	o	o	o
LICATA	o	o	o	o	Abondant, mais opaque	o	o
LIMINA	o	o	o	A petites feuilles	o	o	o
MARSALA	Dans de la terre calcaire	o	o	o	o	o	o
MAZARINO	o	o	o	o	Abondant, mais opaque	o	o
MILLOCA	o	o	o	o	Excellent & séléniteux	o	o
MISILMERI	o	o	o	o	o	Dans le dépôt d'une source	o
NISO	o	o	A aiguilles	o	o	En effervescence dans les mines de plomb	o
NOTO	o	o	o	o	Rhomboidal diaphane	o	o
NOVARRA	o	o	Sulphureux & arsénical à petites lames	A petites feuilles	o	o	o
OCCHIO, Fief dell'	o	o	o	o	Diaphane rougeâtre	o	o
PATERNO	Dans un schyste grisâtre	En poudre dans un schyste grisâtre	o	o	o	o	o
FILIPPO D'ARGIRO, S.	o	o	o	o	o	o	Marcassites grandes & belles
POLIZZI	o	o	o	o	o	o	o
ROCCALUMIERA	o	o	Arsénical à petites feuilles	o	o	o	Pyrites cuivreuses
RIESI	o	o	o	o	Excellent & séléniteux	o	o
SUMMATINO	o	o	o	o	Abondant, mais opaque	o	o
TERRA NUOVA	o	o	o	o	Abondant, mais opaque	o	o
TRAPANI	o	o	o	o	o	o	Marcassites grandes & belles
VICCINI	o	o	o	o	o	o	Marcassites grandes & belles

TABLE MINÉRHYDROLOGIQUE XIII

RENFERMANT TOUTES LES EAUX SOIT MINÉRALES FROIDES, SOIT THERMALES DE LA SICILE; RANGÉS PAR ORDRE ALPHABÉTHIQUE.

LIEUX.	EAUX SMECTITES.	EAUX A BASE DE SEL COMMUN	EAUX VITRIOLIQUES.	EAUX FERRUGINEUSES.	EAUX CUIVREUSES.	EAUX SÉLÉNITEUSES.	EAUX ALKALINES.
...CCIA, Fief dell'	o	o	o	Acidules & styptiques	o	o	o
...ASTRO-GIOVANNI	Sulphureuses	Foible en principes	o	o	o	o	o
...ORLEONE	Très-sulphureuses, & alkalines			o			o
...AMPILIERI	o	o	o	o	o	o	o
...ACCI REALE	Sulphureuses bollaires	o	Styptiques acidules	o	o	o	o
...IVARI	o	o	Styptiques martiales	o	o	o	o
...AZZARA	o	o	o	Alkalines & phlogistiquées	o	o	o
...ESSINA	Savoneuses & bollaires	o	o	o	o	o	o
...ILIZIA	o	o	o	o	Mortelles pour les animaux	o	o
...ONREALE	o	o	o	o	o	o	o
...OTO	Sulphureuses	o	o	o	o	Fortement séléniteuses	o
...ALERME	Sulphureuses alkalines	o	o	o	o	o	o
...ALMA	o	o	o	o	o	o	Alkalines & sulphureuses
...ATERNO	Sulphureuses	o	o	o	o	o	o
...ETRAGLIA	o	o	Vitrioliques martiales	o	o	o	o

SUITE.

EAUX MINÉRALES FROIDES.

LIEUX	EAUX A BASE DE SEL NEUTRE.	EAUX BITUMINEUSES.
...GRIGENTE	o	Huileuse stagnante
...IVONA	o	Chargée de naphte
...ANALOTTO	o	Acidule martiale & vitriolique
...APO D'ARSO	o	Bitumineuse claire
...IULIANO, San	A sel canthartique	
...IANA DEI GRECI	A sel canthartique	
...ALERME	A sel canthartique	
...AOLO, fleuve San	o	Riche en pétréole claire
...ETRAGLIA	o	Huileuse acidule
...OLIZZI	o	Huileuse stagnante
...ADUSA	o	Riche en pétréole claire
...PACCAFORNO	o	Riche en pétréole

EAUX THERMALES.

LIEUX.	EAUX SULPHUREUSES.	EAUX FERRUGINEUSES.	ÉTUVE.
ALI	Acidule & sulphureuse à 33. dégrés	o	o
BAYUTH	Sulphureuse alkaline à 38. & 1/2. dégrés	o	o
CALOGERO di Sciacca, San	Sulphureuse alkaline à 42. dégrés	o	o
CALOGERO di Lipari, San	Sulphureuse alkaline à 34. dégrés	o	Son étuve est à 44. dégrés
CEFALU	Sulphureuse alkaline à 39. 1/2. dégrés	o	o
SCLAFFANI	o	Sulphureuse alk. martiale à 42. 1/2. dégrés	o
TERMINI	Acidule sulphureuse à 41. dégrés	o	o